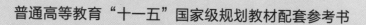普通高等教育"十一五"国家级规划教材配套参考书

教育部大学计算机课程改革项目规划教材

大学计算机基础实验指导

主　编　肖阳春　张伟利
副主编　魏　琴　安红岩
　　　　石远志

高等教育出版社·北京

内容提要

遵照教育部发布的《普通高等学校本科专业类教学质量国家标准》和工程教育专业认证要求，本书以计算思维为切入点，将大学生应掌握的基本的计算机操作技能和应用技能融入教材的各个实验中，以达到培养学生思维能力和实践能力的目的。

本书是与《大学计算机基础》（肖阳春 张伟利 主编）配套的实验教材，本书共安排了 31 个实验，其中计算机初步知识实验 2 个，数制转换实验 1 个，Windows 操作系统实验 5 个，Microsoft Word 2016 实验 8 个，Microsoft Excel 2016 实验 5 个，Microsoft PowerPoint 2016 实验 3 个，程序设计基础与数据库基础实验 2 个；计算机网络基础与信息安全实验 5 个。大多数实验都由实验目的、实验任务、实验步骤和课后练习与思考 4 个部分组成。

本书中大多数实验的类型为综合设计型，针对性与实用性很强，对学生的学习与实践有很强的指导意义。

本书可作为高等学校本专科学生"大学计算机基础"实验课程的教材，也可作为广大计算机爱好者的自学参考书。

图书在版编目（CIP）数据

大学计算机基础实验指导／肖阳春，张伟利主编
. --北京：高等教育出版社，2021.9
　　ISBN 978-7-04-056307-8

　　Ⅰ.①大⋯　Ⅱ.①肖⋯ ②张⋯　Ⅲ.①电子计算机-高等学校-教学参考资料　Ⅳ.①TP3

　　中国版本图书馆 CIP 数据核字（2021）第 116684 号

策划编辑　刘　娟	责任编辑　刘　娟	封面设计　李卫青	版式设计　马　云
责任校对　刘娟娟	责任印制　韩　刚		

出版发行　高等教育出版社	网　　址　http://www.hep.edu.cn
社　　址　北京市西城区德外大街 4 号	http://www.hep.com.cn
邮政编码　100120	网上订购　http://www.hepmall.com.cn
印　　刷　运河(唐山)印务有限公司	http://www.hepmall.com
开　　本　787 mm×1092 mm　1/16	http://www.hepmall.cn
印　　张　14.75	
字　　数　340 千字	版　　次　2021 年 9 月第 1 版
购书热线　010-58581118	印　　次　2021 年 9 月第 1 次印刷
咨询电话　400-810-0598	定　　价　30.80 元

前　言

　　本书是与《大学计算机基础》（肖阳春　张伟利　主编）配套的实验教材，定位于"大学计算机基础"课程的实验教学。

　　本书共安排了 31 个实验，具体情况如下。

　　第 1 章　计算机初步知识由 2 个实验组成，目标是使学生熟悉计算机的组成；掌握微型计算机的组装；能用正确的指法和姿势进行键盘输入。

　　第 2 章　数制转换由 1 个实验组成，目标是使学生掌握计算机中二进制、十六进制数的表示方法以及它们之间的相互转换；掌握 ASCII 码、GB2312 码的编码和译码；掌握汉字点阵字形码。

　　第 3 章　Windows 7 操作系统由 5 个实验组成，目标是使学生掌握计算机中 Windows 操作系统的常规管理；了解命令行与批处理命令的使用；掌握 Windows 常用的系统配置、优化及访问权限控制等；体验虚拟机与虚拟化的配置与使用；掌握系统备份与还原的作用和处理方法。

　　第 4 章　Microsoft Word 2016 由 8 个实验组成，目标是使学生掌握文档的创建与保存方法、文档格式设置方法；掌握 Word 中混合排版方法；掌握 Word 中样式与目录的设置；掌握分节与页眉、页脚、页码的设置；掌握交叉引用、公式、表格、邮件合并等操作。

　　第 5 章　Microsoft Excel 2016 由 5 个实验组成，目标是使学生掌握 Excel 工作表的数据录入与数据基本统计计算和显示；掌握公式与函数的应用；掌握数据排序、数据筛选的处理方法；掌握数据有效性管理的方法与操作；掌握数据图形化表示方法与美化。

　　第 6 章　Microsoft PowerPoint 2016 由 3 个实验组成，目标是使学生掌握具有多种媒体组成的演示文稿的制作方法和一般修饰方法。

　　第 7 章　程序设计基础与数据库基础由 2 个实验组成，目标是使学生掌握使用 Raptor 软件进行流程图编程的方法；运用 FreeMind 绘制思维导图的方法；运用 XMind 绘制鱼骨图的方法。

　　第 8 章　计算机网络基础与信息安全由 5 个实验组成，目标是使学生掌握计算机网络的基本操作、网络搜索方法、网络组建与简单网络故障诊断、网络资源共享与网络通信控制以及网络隐私保护和网络安全技术使用等。

　　本书中大多数实验都由实验目的、实验任务、实验步骤、课后练习与思考 4 个部分组成。实验项目采用任务驱动方式，学生在做实验之前，首先了解实验目的，结合实验任务，根据自己的实际情况，选择不同的方式完成实验任务。有一定基础的学生可以独立完成实验任务，其他学生可以根据操作引导与提示，经过思考，结合操作步骤指引和数字化评卷指示，经过多次实践完成实验任务。

实验中大部分项目属于综合设计类型，每一个实验都具有很强的可操作性、可拓展性和实用性，对学生今后的工作和学习都大有益处。

本书的总体框架由肖阳春和张伟利提出，他们也负责统稿和修改定稿。第 1 章由刘祖珉和石远志编写，第 2 章由刘仕筠编写，第 3 章由石远志和刘仕筠编写，第 4 章由安红岩编写，第 5 章由魏琴和肖阳春编写，第 6 章由魏琴编写，第 7 章由石远志和李思明编写，第 8 章由何钰娟和张伟利编写。教材中的微视频由魏琴和安红岩录制。

对于书中存在的不足和错误之处，恳请各位读者在使用过程中批评指正，以便今后更正。

对本教材有任何意见和建议可通过 E-mail：xiaoyc@ cdut.edu.cn 联系，或索取教材的相关资源。

编者

2021 年 4 月

目　录

第1章　计算机初步知识

实验 1　计算机组装

一、实验目的

1. 掌握计算机的硬件组成。
2. 熟悉计算机的主要部件。
3. 掌握计算机各部件的组装方法。
4. 理解冯·诺依曼计算机体系的工作原理。

二、实验任务

1. 完成组装前的各项准备工作，注意组装的注意事项。
2. 按照计算机配置表，确定各部件情况。
3. 按步骤完成计算机组装。

三、实验步骤

1. 实验准备。

（1）熟悉计算机组装的注意事项。

➢ 通过使用肥皂洗手或触摸大块接地金属物，去除身上静电，防止静电危害。

➢ 在进行各部件安装时，应切断一切电源，防止漏电和触电事故的发生以及损坏硬件设备。

➢ 不要直接触摸各部件上的芯片、线路或金手指，以防损坏引起接触不良。

➢ 在安装各部件时，要正确对齐安装缺口或方向，不要暴力安装以致损坏相关部件。

➢ 注意个人防护，严禁携带任何液体到安装场所，以防液体洒入计算机内部引起短路。

（2）准备计算机安装的必要工具。

装配计算机必备的工具如图 1-1 所示。

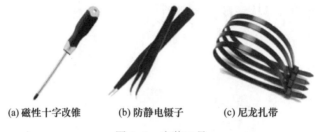

(a) 磁性十字改锥　　(b) 防静电镊子　　(c) 尼龙扎带

图 1-1　安装工具

（3）根据实际需求，填写计算机配置清单，完成计算机各部件的购买或准备工作，如表 1-1 所示。

表 1-1　计算机配置清单

部　　件	规　　格	备　　注
CPU		
主板		
内存		
硬盘		
显卡		
光驱		
显示器		
机箱		
电源		
键盘		
鼠标		
其他		

2. 认识计算机各部件并熟悉安装要点。

（1）CPU。

CPU（central processing unit，中央处理器）是整个计算机的大脑，是计算机完成运算和控制的核心。CPU 是计算机系统中对计算机的所有硬件资源（如存储器、输入/输出单元）进行控制、调配和执行通用运算命令的核心硬件单元。制造 CPU 主要有 Intel 和 AMD 两大厂商，其中 Intel 目前主流的第九代酷睿系列 CPU，简称 i9（其余还有稍早的 i7、i5），主要采用 LGA1151 架构。CPU 上有 3 个安装卡口，如图 1-2 所示，在安装 CPU 时，需要和主板上的定位卡口相对应。

图 1-2　CPU 及定位卡口

（2）主板。

主板是 PC 硬件系统集中管理的核心载体，目前主流的主板都是 ATX 结构，如图 1-3 所示。主板主要提供安装 CPU、内存和各种功能卡的插槽，为各种外部设备提供通用接口。

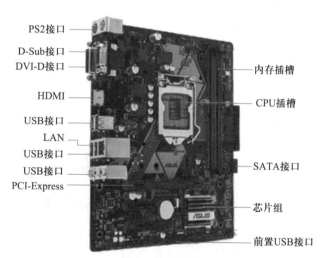

图 1-3　主板及组成

（3）内存。

内存是 CPU 能够直接访问的存储器，所有的程序和数据只有被装入内存才能被执行和处理。内存条是由内存芯片、电路板、金手指等部分组成的，目前主流的都是 DDR4 内存条，如图 1-4 所示，其频率最高可达 4 000 MHz，单条容量有 4 GB、8 GB、16 GB 等，采用 DIMM 双列直插内存模块。在内存安装时，要注意内存安装的定位缺口与主板上的定位点相对应，直立按下，直至听见"咔"的一声，两端的固定支架会自动合上。

（4）硬盘。

硬盘是计算机上的大容量存储设备，也是最主要的存储设备。硬盘主要采用 SATA 接口，容量和转速是重要的性能指标。目前主流的硬盘有以磁片为存储介质的机械硬盘和以半导体为存储介质的固态硬盘，机械硬盘的优点是存储容量大、不易损坏、价格低、性价比高，固态硬盘速度快、容量相对较小，如图 1-5 所示。

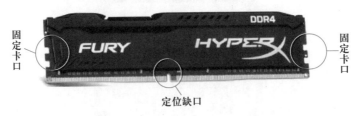

图 1-4　DDR4 内存条

(a) 机械硬盘　　　　　(b) 固态硬盘

图 1-5　机械硬盘与固态硬盘

（5）显卡与显示器。

显卡是连接显示器和主板的重要组件，是"人机对话"的重要设备之一。目前主流的显卡都是基于第三代 I/O 总线技术，使用 PCI-Express 插槽安装在主板上的，如图 1-6 所示。在进行显卡安装时，需要将显卡的定位缺口和主板插槽上的定位点相对应，垂直插入后固定支架会自动卡位。

图 1-6　PCI-Express 显卡

显示器是一种将一定的电子文件通过特定的传输设备显示到屏幕上再反射到人眼的显示工具。显示器通过数据线与主机连接，常用的接口有 DVI 和 VGA，在进行安装连接时也有相应的防接反设计，以防暴力插装。

（6）机箱和电源。

机箱作为计算机配件中的一部分，主要作用是放置和固定各计算机配件，一般包括外壳、支架、面板上的各种开关、指示灯等。机箱面板上的各种开关、指示灯需要用信号线与主板相连。由于各种开关和指示灯过多，在连接时，需要按照说明书和主板标识正确连接，可借助镊子实现紧凑位置接头的插入。

电源是给主机箱内的系统板，各种适配器，扩展卡、硬盘驱动器、光盘驱动器等系统部件，键盘和鼠标等供电的设备。在电源安装到机箱上后，要正确地将主板、CPU、硬盘等电源线连接在相应的接口上，要注意防反设计，以免接反导致部件损坏。电源接口如图 1-7 所示。

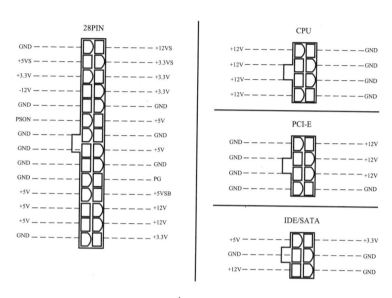

图 1-7　电源各接口示意图

3. 组装计算机。

（1）取出主板，将主板正面朝上平铺在海绵等软性物品上，阅读说明书，依次找到 CPU 插槽、内存插槽、电源插槽、硬盘接口、信号线接口等。

（2）安装 CPU。将主板 CPU 插槽上的拉杆拉起，将 CPU 上的定位缺口和 CPU 插槽上的定位点对齐，将 CPU 放进插槽内，然后将拉杆下压。

（3）安装 CPU 风扇。安装 CPU 风扇前，需要在 CPU 顶部涂上一层硅胶，用于实现 CPU 和 CPU 风扇之间的黏结及导热。然后将 CPU 风扇安放在 CPU 上，风扇的四颗螺丝钉要和主板上的螺孔相对应，压紧后用十字改锥将两两对角的螺丝钉拧紧。最后将风扇的电源线插入主板对应的插座上。

（4）安装内存条。将内存条上的定位缺口和主板内存插槽上的定位点对齐，然后垂直用力压下，听到"咔"的一声，两侧弹性卡自动弹起后，完成内存安装。安装时，注意不要用手接触内存条上的金手指，以免导致接触不良。

（5）安装机箱电源。将电源上的螺孔和机箱上的螺孔对齐，用螺丝钉将电源固定在机箱上。

（6）安装主板到机箱。将已经安装了 CPU、内存条的主板放到机箱内，将主板的螺孔和机箱的小孔对齐，记下机箱上对应小孔的位置。然后取出主板，将铜柱螺栓安装在主板对应的小孔上。最后将主板的螺孔对齐铜柱螺栓放下，用螺丝钉进行固定，完成主板安装。

（7）连接主板电源线。主板采用双排 2×14 线插孔设计，为了防止接反，其中有 14 个进行了特殊设计，电源线上也有对应的设计，反向则无法插入。

（8）连接主板和机箱面板上的开关、指示灯信号。机箱面板上的开关和指示灯较多，需要正确插入主板对应的插座上。在连接时，请根据说明书、信号线标识和主板标识，完成连接操作。

（9）安装硬盘。将硬盘放入机箱 12.5 英寸的支架中，使用螺丝钉进行固定。硬盘必须安装牢固，以免后期在读取硬盘时引起震动。然后连接电源线和数据线，连接时，需要将线和插座方向对齐一致，不可蛮力插入。

（10）安装显卡。如果有独立显卡，则将显卡安装到 PCI-Express 插槽上。插入时，需将显卡的定位缺口和插槽的定位点对齐，平稳垂直地将金手指全部压入插槽中。最后使用螺丝钉将其固定在机箱上。

（11）安装其他设备。如果有光驱、网卡、声卡等其他设备，则将相应设备安装到机箱和主板的对应位置，并完成线路连接。

（12）连接外设。在完成主机内部部件安装后，盖上机箱外盖。然后将显示器、键盘、鼠标等连接在对应的接口上，完成整个计算机的组装。

（13）开机检查硬件安装情况。开机，查看屏幕显示及进入 BIOS，检查是否识别、支持安装的各部件。

实验 2   盲打与职业健康

一、实验目的

1. 认识主机箱和显示器上的按钮，学会正确开关计算机。
2. 掌握计算机键盘操作的基本指法及打字要领，通过规范的指法练习逐步实现盲打。
3. 要求击键速度达到 150 次/分，打字速度达到 60 字/分。

二、实验任务

1. 查看主机箱和显示器上的按钮和各种指示灯。正确开机和关机。
2. 熟悉键盘（主键盘区、小键盘区、副键盘区以及功能键区）的组成。
3. 掌握常用键的使用，如 CapsLock、Shift、Enter（回车键）、Esc、Backspace、Delete、Insert、Tab、Home、End、PgUp、PgDn 等。
4. 指法练习。要求有正确的坐姿和规范的指法。

三、实验步骤

1. 认识计算机及正确开关机。

（1）查看主机箱上的按钮和指示灯，分别找出电源开关、电源指示灯和硬盘工作指示灯。

（2）正确开机。先开外部设备，再开主机。仔细观察计算机的启动过程，直到启动完成。养成按规程操作的习惯。

（3）了解显示器上的按钮，并学会基本的使用。注意：练习设置后要恢复原有设置，避免影响正常使用计算机。

（4）正确关机。先关应用程序，再关主机。

2. 熟悉键盘组成。

键盘是计算机的输入设备，它由主键盘区、小键盘区、副键盘区以及功能键区组成。主键盘区的使用频率最高，其次是小键盘区、副键盘区的方向键和功能键区。

（1）熟悉主键盘区。

主键盘区包括字母键（A—Z）、数字键（0—9）、符号键（~、!、@、#、$、%、&、*等），还包括回车键（Enter）、大写字母锁定键（CapsLock）、上档键（Shift）、控制键（Ctrl）、组合键（Alt）、退格键（Backspace）、空格键以及水平制表键（Tab）。

（2）熟悉小键盘区。

小键盘区包括数字键（0—9）、方向键（←、↑、↓、→）、回车键（Enter）、数字锁定键（NumLock）。

当 NumLock 指示灯亮时，表示当前为数字输入状态，可以进行数字的输入；当 NumLock 指示灯灭时，表示当前为编辑状态，数字下方的键（←、↑、↓、→、Home、End、PgUp、PgDn、Ins、Del）起作用。

（3）熟悉副键盘区。

上部为打印屏幕键（Print Screen）、滚动锁屏键（Scroll Lock）、暂停键（Pause）；下部为光标上、下、左、右移动键（↑、↓、←、→）以及中部的插入键（Insert）、删除键（Delete）等其他编辑键。

（4）熟悉功能键区。

包括退出键（Esc）和功能键（F1—F12）。这个区的键不是用于输入键上的符号，而是用于完成一些特定的功能。在不同软件中，功能键区的设置不同。

3. 掌握一些常用键的使用。

打开 Windows 的"记事本"应用程序，练习使用下面的按键。

（1）CapsLock（大写字母锁定键）。

依次按下键盘上的字母键 A、B、C、D，观察其大小写；按下 CapsLock 键，再依次按下字母键 A、B、C、D，观察其变化。

注意

☞ 通常按字母键输入的是小写字母。按 CapsLock 键之后，键盘上的大写状态指示灯点亮，再按字母键则输入的全部是大写字母。如果再次按下 CapsLock 键，键盘上的大写状态指示灯熄灭，返回输入小写字母状态。因此，利用 CapsLock 键可在输入大/小写字母两种状态之间进行切换。

（2）Shift（上档键）。

只按 Shift 键计算机无任何反应，它总是与其他键配合使用。如直接按字母键 A 输入的是小写字母 a，而按住 Shift 键的同时，再按字母键 A 输入的是大写字母 A。

（3）Enter（回车键）。

在文档中按下 Enter 键，其作用是回车换行；在命令行输入一条命令，按下 Enter 键，则计算机立即执行该条命令。如果仅输入了某条命令而没有按 Enter 键，此时所输入的命令虽然已经显示在屏幕上，但它仅仅存储在显示缓冲区中，并不会被计算机执行。只有按下 Enter 键后，计算机才会执行此命令。

（4）Esc（退出键）。

按下 Esc 键后，将退出某种工作状态或从某种软件中退出。

（5）Backspace（退格键）。

Backspace 键用于删除光标左边的字符。

（6）Delete（删除键）。

按下 Delete 键后将删除当前光标位置后的字符。

（7）Insert（插入键）。

利用 Insert 键可在当前光标位置前插入字符。在编辑文档时利用该键，可在改写和插入状态之间进行切换。在改写状态下，输入的字符将替换当前光标后的字符。

（8）Tab（水平制表键）。

按下 Tab 键后，光标可跳过 7~8 个空格。

（9）Home 和 End 键。

Home 键的作用是使光标回到本行行首；End 键的作用是使光标回到本行行尾。在进行文档输入过程中，使用这两个键可以快速移动光标提高操作效率。

（10）PgUp 和 PgDn 键。

PgUp 和 PgDn 键的作用分别是向前翻一页和向后翻一页。

4. 指法练习与职业健康。

使用计算机时往往需要高度集中注意力，如果时间过长，极易造成眼球疲劳、视力下降、头部疼痛、甚至神经衰弱。操作计算机时若坐姿不规范，如长期交叠双腿而坐，会造成血液循环不通畅，时间过长还易造成颈椎、腰椎的损伤，也可致盆骨韧带过于疲劳、麻痹而造成拉伤。手腕部长时间重复相同的机械动作——按键及移动鼠标，则会引起腱鞘厚化和发炎，患上腱鞘炎及腕管综合征，严重的可造成手部肌肉萎缩。因此，在使用计算机时必须注意规范操作、劳逸结合，保护职业健康。

（1）保持正确的坐姿。

座椅高低合适，双脚平放，肌肉放松，臂肘部放松靠在身体两侧，击键时力量来自手腕。

（2）使用正确的指法。

规范正确的指法是提高打字速度的关键。要掌握正确的指法必须从一开始就养成良好的习惯。打字时，双手除拇指之外的 8 个手指应分别放在基本键位上。

左手：食指 F 键；中指 D 键；无名指 S 键；小指 A 键

右手：食指 J 键；中指 K 键；无名指 L 键；小指；键

其他键位的正确指法如图 1-8 所示。

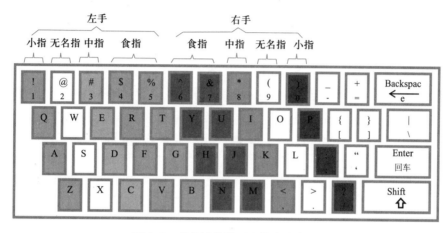

图 1-8　其他键位的正确指法示意图

（3）集中注意力。

打字时应集中注意力，眼睛应看文稿或显示器。

四、课后练习与思考

1. 为什么要先开外部设备再开主机？如果不这样做，会有什么后果？显示器是外部设备还是主机的一部分？

2. 什么叫启动完成？为什么计算机启动完成经历的时间较长、过程较复杂？计算机启动完成所经历的过程和时间取决于哪些因素？计算机能否做到像电视机那样，开机就可以使用？

3. 掌握键盘布局和基本操作，选择一种打字软件进行打字训练。注意养成良好的击键习惯，按照图 1-8 所示的指法进行练习。熟记各键的键位，坚持每天半小时的打字练习，逐步实现盲打，尽快达到输入速度的要求。

第 2 章　数制转换

实　验　二进制、十六进制与编译码

一、实验目的

1. 掌握二进制、十六进制数的表示方法以及它们相互之间的转换。
2. 掌握 ASCII 码、GB2312 码的编码和译码。
3. 掌握汉字点阵字形码。

二、实验任务

1. 写出 ASCII 字符流 B78 Is Ok 对应的二进制流。

2. 写出二进制流 0100100100100000011000010110110100100000001100010011100000010110000100000011110010110111101011010100111111 对应的 ASCII 字符流。

3. 写出"大家好 A，ok?"（不包括双引号）对应的 GB2312/ASCII 编码（写成十六进制流形式）。

4. 编码"CED24C6F7665D6D0B9FA2E"为 ASCII 与 GB2312 编码的字符，写出其对应的文字流。

5. 十六进制流"20401040104007FE84445440544017F825082490E490246028602898310E2604"是某个字的 16×16 点阵字形数据，该汉字是什么？

三、实验步骤

1. 写出 ASCII 字符流 B78 Is Ok 对应的二进制流。
（1）在 ASCII 码表中查询字符 B 的 ASCII 编码二进制值为：01000010。
（2）在 ASCII 码表中查询字符 7 的 ASCII 编码二进制值为：00110111。

（3）在 ASCII 码表中查询字符 8 的 ASCII 编码二进制值为：00111000。

（4）在 ASCII 码表中查询字符空格的 ASCII 编码二进制值为：00100000。

（5）在 ASCII 码表中查询字符 I 的 ASCII 编码二进制值为：01001001。

（6）在 ASCII 码表中查询字符 s 的 ASCII 编码二进制值为：01110011。

（7）在 ASCII 码表中查询字符空格的 ASCII 编码二进制值为：00100000。

（8）在 ASCII 码表中查询字符 O 的 ASCII 编码二进制值为：01001111。

（9）在 ASCII 码表中查询字符 k 的 ASCII 编码二进制值为：01101011。

（10）将 9 个字符的 ASCII 编码二进制值按照先后顺序排列，得到 ASCII 字符流 B78 Is Ok 对应的二进制流为：0100001000110111001110000010000010010010111001100100000010011110 1101011。

> **提示**
>
> ☞ 一个 ASCII 编码占一个字节（8 bit），标准 ASCII 编码最高二进制位为 0。

2．写出二进制流 010010010010000001100001011011010010000001100010011100000101100001000000111100101101111011101010011111 对应的 ASCII 字符流。

将二进制流 010010010010000001100001011011010010000001100010011100000101100001000000111100101101111011101010011111 按照每 8 位为一组，从左到右进行分组，分组结果如表 2-1 所示。

表 2-1　实验任务 2 的分组结果

分组序号	分组内容	分组序号	分组内容	分组序号	分组内容
1	01001001	6	00110001	11	01101111
2	00100000	7	00111000	12	01110101
3	01100001	8	00101100	13	00111111
4	01101101	9	00100000		
5	00100000	10	01111001		

（1）使用第 1 组二进制编码值 01001001 在 ASCII 码表中查询对应的字符为 I。

（2）使用第 2 组二进制编码值 00100000 在 ASCII 码表中查询对应的字符为空格。

（3）使用第 3 组二进制编码值 01100001 在 ASCII 码表中查询对应的字符为 a。

（4）使用第 4 组二进制编码值 01101101 在 ASCII 码表中查询对应的字符为 m。

（5）使用第 5 组二进制编码值 00100000 在 ASCII 码表中查询对应的字符为空格。

（6）使用第 6 组二进制编码值 00110001 在 ASCII 码表中查询对应的字符为 1。

（7）使用第 7 组二进制编码值 00111000 在 ASCII 码表中查询对应的字符为 8。

（8）使用第 8 组二进制编码值 00101100 在 ASCII 码表中查询对应的字符为，。

（9）使用第 9 组二进制编码值 00100000 在 ASCII 码表中查询对应的字符为空格。

（10）使用第 10 组二进制编码值 01111001 在 ASCII 码表中查询对应的字符为 y。

（11）使用第 11 组二进制编码值 01101111 在 ASCII 码表中查询对应的字符为 o。

（12）使用第 12 组二进制编码值 01110101 在 ASCII 码表中查询对应的字符为 u。

（13）使用第 13 组二进制编码值 00111111 在 ASCII 码表中查询对应的字符为？。

（14）将 13 个字符按照先后顺序依次排列，得到二进制流 01001001001000000110000101101101001000000011000100111000001011000010000000111100101101111011101011010100111111 对应的 ASCII 字符流为：I am 18, you？

3. 写出"大家好 A，ok？"（不包括双引号）对应的 GB2312/ASCII 编码（写成十六进制流形式）。

（1）在 GB2312 编码表中查询汉字"大"的编码值（十六进制）为：B4F3。

（2）在 GB2312 编码表中查询汉字"家"的编码值（十六进制）为：BCD2。

（3）在 GB2312 编码表中查询汉字"好"的编码值（十六进制）为：BAC3。

（4）在 GB2312 编码表中查询全角字符"A"的编码值（十六进制）为：A3C1。

（5）在 GB2312 编码表中查询全角字符"，"的编码值（十六进制）为：A3AC。

（6）在 ASCII 码表中查询字符 o 的 ASCII 编码二进制值为：01101111，转换为十六进制为 6F。

（7）在 ASCII 码表中查询字符 k 的 ASCII 编码二进制值为：01101011，转换为十六进制为 6B。

（8）在 ASCII 码表中查询字符？的 ASCII 编码二进制值为：00111111，转换为十六进制为 3F。

（9）将中英文字符编码值按照顺序连接起来，就得到"大家好 A，ok？"对应的 GB2312/ASCII 编码十六进制流为：B4F3BCD2BAC3A3C1A3AC6F6B3F。

提示

☞ 一个字节（8 bit）对应 2 位十六进制数，因此一个字符的 ASCII 编码值用十六进制表示时为 2 位，一个汉字的 GB2312 编码用十六进制表示时为 4 位。如何区分 ASCII 和 GB2312 编码呢？这是通过每个字节编码值二进制最高位来进行区分的。ASCII 编码二进制最高位为 0，用十六进制表示时，数的范围为 00~7F，GB2312 编码每个字节二进制最高位为 1，用十六进制表示时，一个字节表示数的范围为 80~FF。

---

4. 编码"CED24C6F7665D6D0B9FA2E"为 ASCII 与 GB2312 编码的字符，写出其对应的文字流。

将十六进制编码流"CED24C6F7665D6D0B9FA2E"按照 2 位或 4 位一组进行分组。一个 ASCII 编码为 2 位十六进制数，数的范围为 00~7F；一个汉字 GB2312 编码为 4 位十六进制数，每两位十六进制数的范围为 80~FF。分组结果如表 2-2 所示。

表 2-2 实验任务 4 的分组结果

分组序号	分组内容	分组序号	分组内容
1	CED2	5	65
2	4C	6	D6D0
3	6F	7	B9FA
4	76	8	2E

（1）使用第 1 组十六进制编码值 CED2 在 GB2312 编码表中查询对应的汉字为我。

（2）使用第 2 组十六进制编码值 4C 在 ASCII 编码表中查询对应的字符为 L。

（3）使用第 3 组十六进制编码值 6F 在 ASCII 编码表中查询对应的字符为 o。

（4）使用第 4 组十六进制编码值 76 在 ASCII 编码表中查询对应的字符为 v。

（5）使用第 5 组十六进制编码值 65 在 ASCII 编码表中查询对应的字符为 e。

（6）使用第 6 组十六进制编码值 D6D0 在 GB2312 编码表中查询对应的汉字为中。

（7）使用第 7 组十六进制编码值 B9FA 在 GB2312 编码表中查询对应的汉字为国。

（8）使用第 8 组十六进制编码值 2E 在 ASCII 编码表中查询对应的字符为 . 。

（9）将 8 个中英文字符按照先后顺序依次排列，得到十六进制流 CED24C6F7665D6D0 B9FA2E 对应的文字流为：我 Love 中国。

5. 十六进制流 "20401040104007FE84445440544017F825082490E490246028602898310E 2604" 是某个字的 16×16 点阵字形数据，该汉字是什么？

（1）将十六进制流 "20401040104007FE84445440544017F825082490E490246028602898 310E2604" 从左到右按照 4 位为一组进行分组，每一组的 4 位十六进制数为对应一行的字符点阵数据。分组结果如表 2-3 所示。

表 2-3　实验任务 5 的分组结果

分组序号	分组内容	分组序号	分组内容	分组序号	分组内容
1	2040	7	5440	13	2860
2	1040	8	17F8	14	2898
3	1040	9	2508	15	310E
4	07FE	10	2490	16	2604
5	8444	11	E490		
6	5440	12	2460		

（2）将表 2-3 中的每组十六进制数转换为对应的二进制数表示，转换结果如表 2-4 所示。每组二进制数表示字符点阵每一行对应像素是否显示，0 表示不显示，1 表示显示。

表 2-4　实验任务 5 的转换结果

分组序号	十六进制数	二进制数	分组序号	十六进制数	二进制数
1	2040	0010000001000000	9	2508	0010010100001000
2	1040	0001000001000000	10	2490	0010010010010000
3	1040	0001000001000000	11	E490	1110010010010000
4	07FE	0000011111111110	12	2460	0010010001100000
5	8444	1000010001000100	13	2860	0010100001100000
6	5440	0101010001000000	14	2898	0010100010011000
7	5440	0101010001000000	15	310E	0011000100001110
8	17F8	0001011111111000	16	2604	0010011000000100

（3）依据表 2-4 中的第 1～16 组数据，在图 2-1 中进行填充。填充时，0 表示空白，1 表示填充黑色。第 1 组数据 0010000001000000 对应第 1 行，从左到右依次对应第 1～16 列；第 2 组数据 0001000001000000 对应第 2 行，从左到右依次对应第 1～16 列……当 16 组数据全部填充完成后，则得到如图 2-2 所示的点阵字形图，由此可以得出十六进制流 "20401040104007FE84445440544017F825082490E490246028602898310E2604" 为汉字 "波" 的 16×16 点阵字形数据。

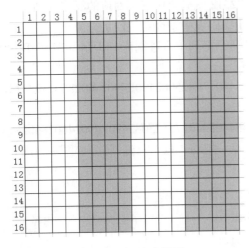

图 2-1 16×16 点阵图

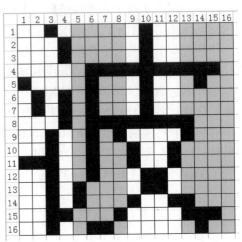

图 2-2 "波" 字的 16×16 点阵字形图

提示

☞ 16×16 点阵的汉字占用 32 个字节，每行占用 2 个字节（4 位十六进制）。

四、课后练习与思考

1. ASCII 字符流 Y72 iS oK 对应的二进制流是什么？

2. 二进制流 01011001011011110111010101101100011010010110101101100101001000000 0110000001101100010110001001001001001 对应的 ASCII 字符流是什么？

3. "大气 PM2.5 很高，不好！"（不包括双引号，注意其中的 "P" ","和 "！"是全角字符、"."是半角字符）对应的 GB2312/ASCII 编码流是什么（写成十六进制流形式）？

4. 编码流 "C4E3BDF1C4EAA3B138CBEAC1CBA3BF" 为 ASCII 与 GB2312 编码的字符，其对应的文字流是什么？

5. "1040105010481E48107E13C010407C48442C4438441044307C52018A06060002"（十六进制）是某汉字的 16×16 点阵字形数据，该汉字是什么？

第 3 章　Windows 7 操作系统

实验 1　Windows 操作系统常规管理

一、实验目的

1. 掌握查看或设置系统日期/时间的方法。
2. 掌握设置桌面背景、屏幕保护程序及电源方案的方法。
3. 掌握任务栏和开始菜单的基本设置和操作。
4. 掌握窗口操作的基本方法。
5. 掌握建立应用程序快捷方式的方法。
6. 掌握"计算机"管理工具的菜单项目设置方法。
7. 掌握文件与文件夹的基本操作。
8. 掌握回收站的使用方法。
9. 掌握查看计算机硬件配置信息的方法。

二、实验任务

1. 查看或设置系统日期/时间。
2. 设置屏幕保护程序为"气泡"，等待时间为"2 分钟"，计算机电源为"节能模式"。
3. 锁定 Internet Explorer 浏览器到任务栏。将任务栏移至屏幕右侧。
4. 设置任务栏和开始菜单。
5. 打开任意两个 Word 文档，并排显示窗口。
6. 为"Windows 资源管理器"建立快捷方式。
7. 设置"计算机"管理工具的菜单项目。
8. 掌握文件与文件夹的基本操作。

9. 掌握回收站的使用方法。

10. 查看计算机的硬件配置信息。

三、实验步骤

1. 查看或设置系统日期/时间。

（1）用鼠标单击任务栏右侧系统显示的日期或时间。

（2）在弹出的设置窗口中可查看（或修改）日期或时间。

2. 设置屏幕保护程序为"气泡"，等待时间为"2分钟"，计算机电源为"节能模式"。

（1）右击桌面空白区，在弹出的快捷菜单中选择"个性化"选项。

（2）单击弹出窗口右下角的"屏幕保护程序"按钮，如图3-1所示。

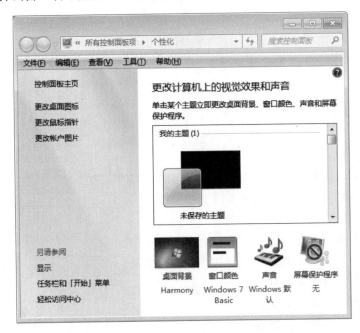

图 3-1 "个性化"窗口

（3）在"屏幕保护程序设置"对话框中，选择"屏幕保护程序"为"气泡"；设置"等待"数值框中的时间为"2分钟"。如图3-2所示。

（4）单击"更改电源设置"按钮，打开"电源选项"窗口，如图3-3所示。在窗口中，单击"节能"单选按钮后，返回上级窗口，单击"确定"按钮，完成设置。

3. 锁定 Internet Explorer 浏览器到任务栏。将任务栏移至屏幕右侧。

（1）右击 Internet Explore 浏览器图标，在弹出的快捷菜单中选择"锁定到任务栏"选项；或者，按住鼠标左键拖动桌面上的 Internet Explorer 浏览器图标至任务栏后释放鼠标。

（2）将鼠标指针置于任务栏空白处，按住鼠标左键拖动任务栏到桌面右侧，释放鼠标。

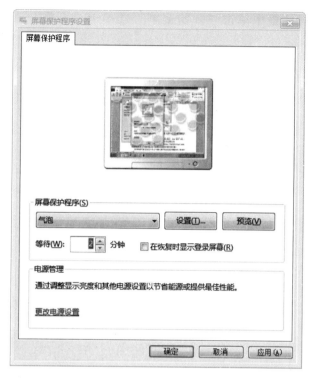

图 3-2　"屏幕保护程序设置"对话框

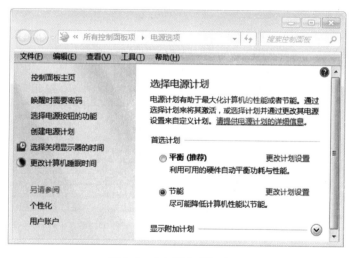

图 3-3　"电源选项"窗口

提示

　　☞ 若已锁定任务栏，则无法改变任务栏位置，此时可通过右击任务栏空白处，在弹出的快捷菜单中取消勾选"锁定任务栏"选项后，再移动任务栏。

　　4. 设置开始菜单，例如，将控制面板设置为"显示为菜单"或"显示为链接"。
（1）右击屏幕左下角的开始图标，在弹出的快捷菜单中选择"属性"选项。

（2）在弹出的对话框中单击"开始菜单"选项卡，再单击"自定义"按钮，如图 3-4 所示。

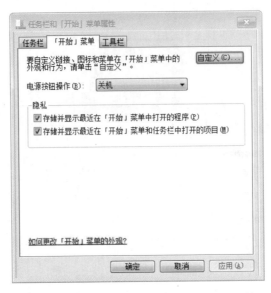

图 3-4　设置"任务栏和开始菜单属性"对话框

（3）找到控制面板结点，然后单击"显示为菜单"或"显示为链接"单选按钮，最后单击"确定"按钮，如图 3-5 所示。

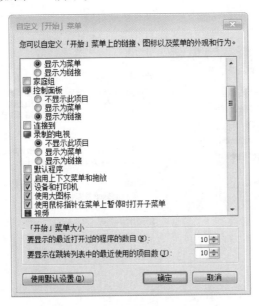

图 3-5　设置控制面板的显示模式

（4）单击屏幕左下角的"开始"图标，观察设置后的控制面板样式。

5. 掌握窗口操作的基本方法，打开任意两个 Word 文档，设置为并排或层叠显示窗口。

（1）分别打开任意两个 Word 文档。

（2）右击任务栏空白区，在弹出的快捷菜单中选择"并排显示窗口"或"层叠窗口"选项。

6. 在桌面建立"Windows 资源管理器"的快捷方式。

（1）依次单击屏幕左下角的"开始"图标→"所有程序"→"附件"，找到"Windows 资源管理器"。

（2）右击"Windows 资源管理器"，将鼠标指针指向快捷菜单中的"发送到"菜单项，在弹出的级联菜单中选择"桌面快捷方式"选项。

7. 启用"计算机"管理工具的菜单，设置计算机能显示隐藏文件及隐藏的文件扩展名。

（1）双击桌面上的"计算机"图标，在弹出窗口中单击左上角的"组织"按钮，再将鼠标指针指向"布局"菜单项，最后勾选"菜单栏"（此为启用或关闭"计算机"管理工具的菜单项目）前的复选框，如图 3-6 所示。

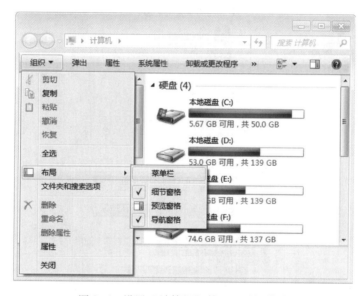

图 3-6　设置"计算机"管理工具的菜单

（2）单击"工具"菜单，在弹出的快捷菜单中选择"文件夹选项"子菜单，如图 3-7 所示。

（3）在弹出对话框中，先单击"查看"选项卡，再依次选中"显示隐藏的文件、文件夹或驱动器"及"隐藏已知文件类型的扩展名"选项，如图 3-8 所示。

> **提示**
>
> ☞ 完成设置后，即可看到磁盘上隐藏的文件与文件夹，也可看到文件的扩展名。

8. 文件与文件夹的基本操作。

（1）在 D 盘上分别新建名称为 folder1 和 folder2 文件夹。

① 双击打开"计算机"，再双击驱动器 D。

② 依次单击"文件"→"新建"→"文件夹"；或者，右击 D 盘的空白区，在弹出

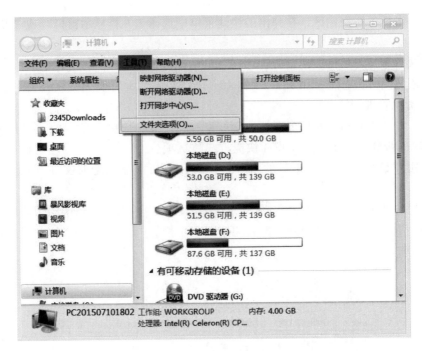

图 3-7　设置"工具"菜单的"文件夹选项"

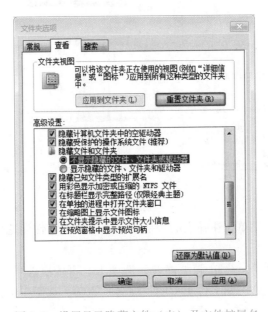

图 3-8　设置显示隐藏文件（夹）及文件扩展名

的快捷菜单中选择"新建"→"文件夹"选项。输入新文件夹名"folder1"，然后按 Enter 键。

③ 使用同样的方法创建 folder2 文件夹。

（2）为文件夹 folder1 创建桌面快捷方式，并将快捷方式重命名为"测试文件夹"。

① 右击 folder1，在弹出的快捷菜单中选择"发送到"→"桌面快捷方式"选项。

② 切换到桌面，右击 folder1，在弹出的快捷菜单中选择"重命名"选项，输入"测试文件夹"后按 Enter 键。

③ 双击该快捷方式，观察效果。

（3）启动记事本程序，建立一个文本文件 file1.txt，并将文件保存到 folder1 中。

① 依次单击"开始图标"→"所有程序"→"附件"→"记事本"，打开记事本。

② 输入文件内容，例如，一首诗、一句格言等。

③ 依次单击记事本的"文件"→"保存"菜单，打开"另存为"对话框，在对话框中选择保存路径（D 盘的文件夹 folder1）并输入文件名 file1 进行保存。

④ 保存文件后，关闭记事本。

（4）将文件 file1.txt 复制到 folder2 中，并将文件重命名为 file2.txt。

① 打开 folder1，右击 file1.txt，选择"复制"选项。

② 打开 folder2，右击文件夹的空白区域，选择"粘贴"选项。

③ 在 folder2 中，右击 file1.txt，选择"重命名"选项，输入新文件名 file2.txt，然后按 Enter 键。

提示

☞ 复制和粘贴文件/文件夹的键盘快捷方式是按 Ctrl+C（复制）和 Ctrl+V（粘贴）组合键；重命名文件/文件夹的键盘快捷方式是按功能键 F2。

（5）将 folder2 中的文件 file2.txt 复制一份副本放置于相同的文件夹中。

① 打开 folder2，选择 file2.txt 文件，按 Ctrl+C 组合键复制文件。

② 按 Ctrl+V 组合键粘贴文件。

（6）将 folder2 中的所有文件批量重命名为"myfile(1).txt""myfile(2).txt"。

① 打开 folder2，按住"Ctrl"键不放，再依次单击（即选中）需重命名的文件。

② 在已选择的任一文件上右击，选择"重命名"选项，然后输入文件名的前缀名"myfile"，再按 Enter 键。

（7）删除 folder2 中的文件"myfile(2).txt"。

① 打开 folder2。

② 右击"myfile(2).txt"文件，在弹出的快捷菜单中选择"删除"选项。

提示

☞ 被删除的文件将被移入回收站，回收站中的文件可以被还原或清空。按 Shift+Delete 组合键，可将文件彻底删除。在"回收站"属性中，选择"不将文件移到回收站中"选项，文件将被立即彻底删除。

（8）查看文件 file1.txt 的大小、类型和修改时间等信息。

① 打开 folder1。

② 右击 file1.txt，选择快捷菜单中的"属性"选项进行查看。

（9）将文件 file1.txt 的属性设置为"隐藏"。

① 打开 folder1。

② 右击 file1.txt，选择快捷菜单中的"属性"选项，打开"file1.txt 属性"对话框，如图 3-9 所示。

图 3-9 设置文件常规属性对话框

③ 在"常规"选项卡中，勾选"属性"选项组中的"隐藏"复选框并单击"确定"按钮。

（10）查看隐藏文件 file1.txt。

① 双击桌面上的"计算机"图标，再单击"工具"菜单，然后选择"文件夹选项"，如图 3-10 所示。

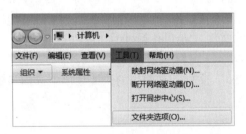

图 3-10 设置"工具"菜单的"文件夹选项"

② 在"文件夹选项"对话框中单击"查看"选项卡，单击"显示隐藏的文件、文件夹和驱动器"单选按钮，取消勾选"隐藏已知文件类型的扩展名"复选框，如图 3-11 所示。

③ 打开 D 盘中的 folder1 文件夹。注意查看显示文件的效果。

④ 在查看文件后，可通过设置 file1.txt 文件属性取消对 file1.txt 文件的隐藏，方便后续操作。

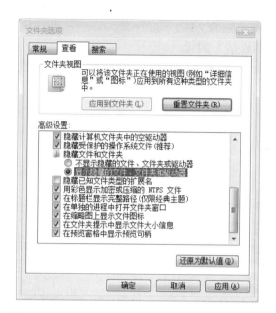

图 3-11　设置显示隐藏文件（夹）及文件扩展名

（11）更改文件 file1.txt 的默认打开方式为写字板。

① 打开 folder1 文件夹。

② 右击 file1.txt，在弹出的快捷菜单中选择"打开方式"为"Windows 写字板应用程序"。

（12）更改文件夹 folder2 的图标。

① 右击 folder2，选择快捷菜单中的"属性"，弹出如图 3-12 所示的对话框，单击对话框中的"更改图标"按钮。

② 在图 3-13 所示的对话框中单击选中的图标，再单击"确定"按钮。

图 3-12　更改文件夹图标的对话框

图 3-13　查找文件夹图标对话框

（13）还原回收站中被删除的文件。

① 双击桌面上的"回收站"图标。

② 右击需撤销删除的文件 myfile(2).txt，选择"还原"选项，如图 3-14 所示。

注意

☞ 若单击"删除（D）"菜单，将彻底删除已选中的文件。

图 3-14 还原"回收站"中被删除的文件

9. 设置回收站属性为不将文件移到回收站中，要显示删除确认对话框。

① 右击桌面上的"回收站"图标，选择快捷菜单中的"属性"选项。

② 单击"不将文件移到回收站中……"单选按钮，勾选"显示删除确认对话框"复选框，如图 3-15 所示。

图 3-15 设置"回收站"属性对话框

注意

☞ 还可根据需要修改回收站的容量大小。

10. 查看计算机的硬件配置。

① 右击桌面上的"计算机"图标，在弹出的快捷菜单中选择"属性"选项，弹出如

图 3-16 所示的窗口。

图 3-16　查看"计算机"的属性窗口

② 单击"设备管理器"查看硬件配置，如图 3-17 所示。

图 3-17　"设备管理器"窗口

四、课后练习与思考

1. 修改系统日期与时间是否会影响应用软件的运行？
2. 可否把用户拍摄的照片作为桌面背景？如何设置？
3. 可否设置计算机为睡眠模式？怎样设置？
4. 怎样解除任务栏的锁定？如何隐藏任务栏？
5. 怎样增加或减少开始菜单的显示项目数？
6. 为"记事本"建立桌面快捷方式。
7. 如何一次性关闭所有打开的应用程序窗口？
8. 能否对处于打开状态的文件进行重命名操作？
9. "回收站"是占用内存空间，还是磁盘空间？
10. 查看计算机 CPU、内存、网卡、硬盘等硬件的配置信息。

实验 2　命令行与批处理

一、实验目的

1. 掌握 DOS 命令方式的启动和使用环境。
2. 掌握常用 DOS 命令的功能和使用格式。
3. 掌握在 DOS 提示符下执行程序的方法。
4. 掌握简单批处理文件的建立及执行。

二、实验任务

1. 进入和退出 DOS 命令行方式。
2. 执行 DOS 命令。
3. 建立简单批处理文件并执行。

三、实验步骤

1. 进入和退出 DOS 命令行方式。

① 进入 DOS 命令行方式：单击"开始"→"所有程序"→"附件"→"命令提示符"选项或单击"开始"菜单，在"搜索程序和文件"输入框内输入 cmd 进行搜索，单击搜索到的程序"cmd.exe"，即可启动命令行方式，出现"命令提示符"窗口。在"命令提示符"窗口中可以输入和执行 DOS 命令。

　　② 退出 DOS 命令行方式：执行 EXIT 命令或单击"命令提示符"窗口的关闭按钮，将结束命令行执行方式，回到 Windows 的图形界面方式。

　　2. 已有如图 3-18 所示的目录和文件结构，使用 DOS 命令按照要求完成指定的操作。要求 DOS 命令中均使用绝对路径。

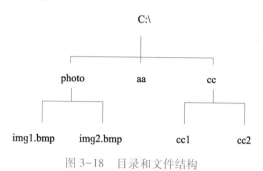

图 3-18　目录和文件结构

　　（1）在 aa 目录下创建 aa1 子目录。

【方法】输入命令 md C:\aa\aa1，按 Enter 键执行。

　　（2）将文件 img1. bmp 复制到 cc1 目录下。

【方法】输入命令 copy C:\photo\img1. bmp c:\cc\cc1，按 Enter 键执行。

　　（3）将 photo 目录下所有扩展名为 bmp 的文件更名为 jpg。

【方法】输入命令 ren C:\photo\ * . bmp * . jpg，按 Enter 键执行。

　　（4）将 photo 目录中所有的文件移动到 aa1 目录下。

【方法】输入命令 move C:\photo\ * . * c:\aa\aa1，按 Enter 键执行。

　　（5）将 aa1 目录下所有扩展名为 jpg 的文件删除。

【方法】

① 输入命令 del C:\aa\aa1\ * . jpg，按 Enter 键执行。

② 提示是否确认，输入"Y"并按 Enter 键，完成删除。

　　（6）在 cc1 目录下建立 test. txt 文件，文件内容为"Hello world!"。

【方法】

① 输入命令 copy con C:\cc\cc1\test. txt，按 Enter 键执行。

② 输入文件内容"Hello world!"（不包含双引号）。

③ 先按组合键 Ctrl+Z，再按 Enter 键，结束文件创建。

　　（7）显示 cc1 目录下刚刚创建的 test. txt 文件内容。

【方法】输入命令 type C:\cc\cc1\test. txt，按 Enter 键执行。

　　（8）删除 cc2 目录。

【方法】输入命令 rd C:\cc\cc2，按 Enter 键执行。

　　（9）将当前目录切换到 cc1 目录中。

【方法】输入命令 cd C:\cc\cc1，按 Enter 键执行。

　　（10）查看 C 盘根目录下的所有目录和文件。

【方法】输入命令 dir C:\，按 Enter 键执行。

　　3. 在文件夹 C:\winFileTest\cmdTest 中包含了 298 个扩展名为 txt 的文件。将该文件夹下所有扩展名为 txt 的文件的扩展名更改为 tcd。要求 DOS 命令中使用绝对路径。

【方法】输入命令 ren C:\winFileTest\cmdTest\ *.txt *.tcd，按 Enter 键执行。

4. 在 C 盘上有大量的文件，由于文件太大而无法复制，请将 C 盘上有什么文件夹、每个文件夹中有什么文件（包括隐藏文件）以及它们的长度、修改时间等详细情况记录到 C:\下名为 ListDE.txt 的文件中。

【方法】输入命令 dir C:\/s/a >C:\ListDE.txt，按 Enter 键执行。

> **提示**
>
> ☞ 参数/s 用于显示指定目录和所有子目录中的文件，参数/a 用于显示所有属性的文件，>为输出重定向符号。

5. 已有如图 3-19 所示的班级列表文本文件（同一行的内容之间通过制表符 Tab 进行分隔），根据表中内容在 C:\下为每一个班建立一个文件夹，具体为：先建立 XX 大学文件夹；再为所属院系建立文件夹，即先是各院系文件夹；在各院系文件夹下是该院系的各班级文件夹。要求使用批处理方式完成。

【具体步骤】

（1）使用记事本软件打开"班级列表.txt"文档。

（2）删除内容为学校、所属院系和班级名的第 1 行，使原第 2 行成为第 1 行。

（3）选中 XX 大学与电子工程学院之间的内容（Tab 键），并使用组合键 Ctrl+C 进行复制。再单击"编辑"→"替换"菜单项，打开"替换"对话框。并在"查找内容"文本框中粘贴所复制的制表符；在"替换为"文本框中输入"\"，如图 3-20 所示。单击对话框中的"全部替换"按钮，结果如图 3-21 所示。

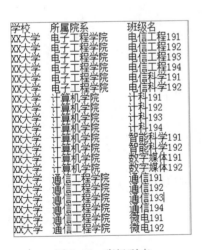

图 3-19 班级列表

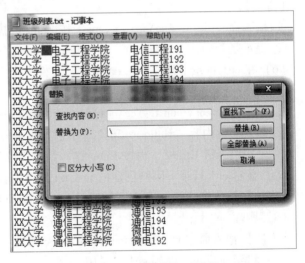

图 3-20 "替换"对话框

（4）单击"编辑"→"替换"菜单项，打开"替换"对话框。并在"查找内容"文本框中输入"XX 大学"；在"替换为"文本框中输入"md C:\XX 大学"。再单击"全部替换"按钮，结果如图 3-22 所示。

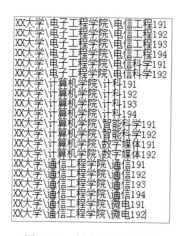

```
XX大学\电子工程学院\电信工程191
XX大学\电子工程学院\电信工程192
XX大学\电子工程学院\电信工程193
XX大学\电子工程学院\电信工程194
XX大学\电子工程学院\电信科学191
XX大学\电子工程学院\电信科学192
XX大学\计算机学院\计科191
XX大学\计算机学院\计科192
XX大学\计算机学院\计科193
XX大学\计算机学院\计科194
XX大学\计算机学院\智能科学191
XX大学\计算机学院\智能科学192
XX大学\计算机学院\数字媒体191
XX大学\计算机学院\数字媒体192
XX大学\通信工程学院\通信191
XX大学\通信工程学院\通信192
XX大学\通信工程学院\通信193
XX大学\通信工程学院\通信194
XX大学\通信工程学院\微电191
XX大学\通信工程学院\微电192
```

图 3-21　制表符替换结果

```
md C:\XX大学\电子工程学院\电信工程191
md C:\XX大学\电子工程学院\电信工程192
md C:\XX大学\电子工程学院\电信工程193
md C:\XX大学\电子工程学院\电信工程194
md C:\XX大学\电子工程学院\电信科学191
md C:\XX大学\电子工程学院\电信科学192
md C:\XX大学\计算机学院\计科191
md C:\XX大学\计算机学院\计科192
md C:\XX大学\计算机学院\计科193
md C:\XX大学\计算机学院\计科194
md C:\XX大学\计算机学院\智能科学191
md C:\XX大学\计算机学院\智能科学192
md C:\XX大学\计算机学院\数字媒体191
md C:\XX大学\计算机学院\数字媒体192
md C:\XX大学\通信工程学院\通信191
md C:\XX大学\通信工程学院\通信192
md C:\XX大学\通信工程学院\通信193
md C:\XX大学\通信工程学院\通信194
md C:\XX大学\通信工程学院\微电191
md C:\XX大学\通信工程学院\微电192
```

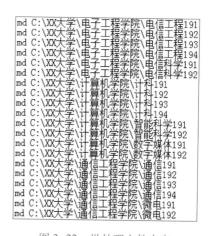

图 3-22　批处理文件内容

（5）单击“文件”→“另存为”菜单项，打开“另存为”对话框。在“文件名”文本框中输入“班级列表 . bat”。再单击“保存”按钮，建立好批处理文件，如图 3-23 所示。

名称	类型	大小
班级列表.bat	Windows 批处理文件	1 KB
班级列表.txt	文本文档	1 KB

图 3-23　批处理文件

双击“班级列表 . bat”执行批处理文件，所有文件夹按照要求建立成功，如图 3-24 所示。

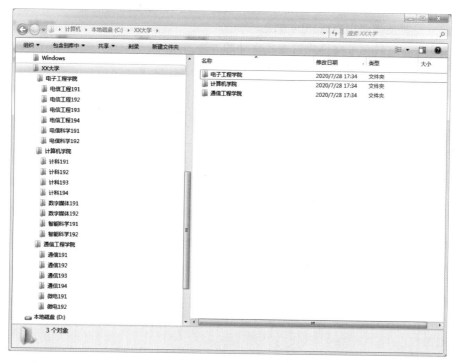

图 3-24　班级文件夹窗口

> **提示**
>
> ☞ 批处理文件的扩展名为 bat。本题的思路是先通过记事本的替换功能构建创建目录的各条命令，然后建立批处理文件并执行。

四、课后练习与思考

1. 思考使用命令行方式和 Windows 图形界面方式进行目录和文件管理时各自的优势。
2. 列举 1~2 个使用命令行方式完成任务效率更高的实例。
3. 思考批处理命令的优点。
4. 使用 VC 6.0 运行一个 C 源程序，会产生一系列辅助文件，请建立一个批处理文件删除多余的文件。

实验 3 Windows 的高级应用

一、实验目的

1. 掌握通过修改系统配置文件以优化系统启动项的方法。
2. 掌握设置及管理用户账户的方法。
3. 掌握根据文件名或文件内容查找文件的方法。
4. 掌握对文件（文件夹）进行访问控制的方法。
5. 掌握添加任务计划的方法。
6. 掌握添加/删除程序的方法。
7. 掌握添加计算机常用硬件设备的方法。
8. 掌握计算机虚拟内存的设置方法。
9. 掌握磁盘清理和磁盘碎片整理系统工具的使用。
10. 掌握磁盘分区的方法。
11. 掌握使用 Windows 任务管理器查看系统运行状态及性能的方法，并能进行优化。

二、实验任务

1. 修改系统配置文件以优化系统启动项。
2. 创建一个新账户"User"，为其授予计算机管理员的权限，并为该账户设置密码"Account123"。
3. 使用"搜索程序和文件"查找文件或程序。
4. 设置文件（文件夹）的访问控制。

5. 添加任务计划。

6. 卸载/添加应用程序。

7. 为计算机添加任意型号的打印机。

8. 设置计算机虚拟内存的大小。

9. 磁盘清理、磁盘碎片整理及磁盘分区。

10. 关闭 Windows 中的游戏功能。

11. 使用 Windows 任务管理器查看系统运行状态及性能，并能进行优化。

三、实验步骤

1. 修改系统配置文件，优化系统启动项，加快系统启动速度。

（1）单击开始图标，在底端"搜索程序和文件"文本框中输入"msconfig"找到系统配置文件，如图 3-25 所示。

图 3-25　通过"搜索程序和文件"搜索"msconfig"文件

（2）单击搜索结果列表中的"msconfig.exe"系统配置程序，打开"系统配置"对话框，如图 3-26 所示，再单击"启动"选项卡，根据需要取消开机自动启动的一些应用程序，加快开机启动速度。

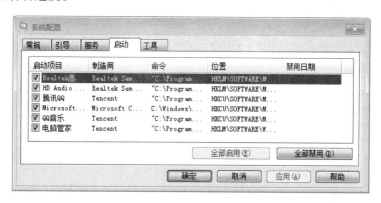

图 3-26　"系统配置"对话框

提示

☞ 也可以单击"服务"选项卡，关闭一些不必要的服务项，提高系统运行效率。

2. 创建一个新账户"User"，为其授予计算机管理员的权限，并为该账户设置密码

"Account123"。

（1）单击"开始"图标，再单击"控制面板"菜单项，打开"控制面板"窗口。

（2）在"控制面板"窗口中单击"用户账户"，打开如图 3-27 所示窗口。

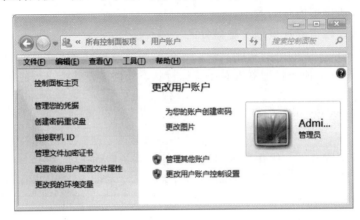

图 3-27　"用户账户"窗口

（3）单击"更改用户账户"组下的"管理其他账户"，再单击"创建一个新账户"，如图 3-28 所示。

图 3-28　"管理账户"窗口

（4）输入新建账户名"User"，并选中"管理员"前的单选按钮，然后单击"创建账户"按钮，如图 3-29 和图 3-30 所示。

（5）单击 User 账户，打开如图 3-31 所示的窗口，再单击"创建密码"，为账户设置密码。

（6）在如图 3-32 所示的"创建密码"窗口中，设置密码为"Account123"，并单击"创建密码"按钮，完成密码设置。

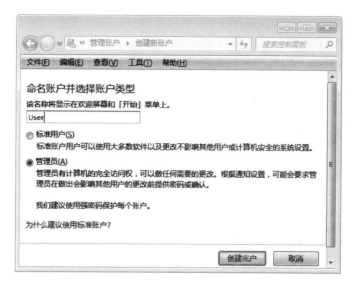

图 3-29   "创建新账户"窗口

图 3-30   "管理账户"窗口

图 3-31   "更改账户"窗口

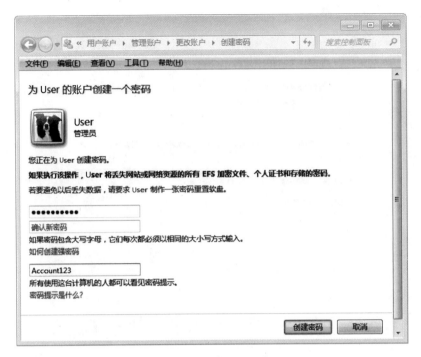

图 3-32　"创建密码"窗口

3. 使用"搜索程序和文件"打开记事本程序。

（1）单击开始图标，在底端"搜索程序和文件"文本框中输入"记事本"。

（2）单击搜索结果列表中的"记事本"，打开记事本程序。

提示

☞ 开始菜单包含一个搜索框，可以使用该搜索框来查找存储在计算机上的文件、文件夹、程序以及电子邮件。在搜索框中输入单词或短语之后，便自动开始搜索，搜索结果会临时填充搜索框上面的开始菜单空间，并根据每个结果的项目种类以及它在计算机中的位置组成相应的一个或多个组。可以单击一个结果打开该程序或文件，也可以点击组标题，在 Windows 资源管理器中查看该组的完整搜索结果列表。

4. 设置 D 盘文件夹 folder1 的访问控制权限为用户 Users 完全控制。

（1）在 D 盘根目录下建立名为 folder1 的文件夹。

（2）右击文件夹 folder1，单击快捷菜单中的"属性"子菜单。

（3）单击"folder1 属性"窗口中的"安全"选项卡，再单击"编辑"按钮，如图 3-33 所示。

（4）单击选中"组或用户名"列表框中的"Users"用户，再单击选中"Users 的权限"列表框中的"完全控制"复选框，如图 3-34 所示。

提示

☞ 也可设置不同用户对文件的访问控制权限。

图 3-33 设置文件夹的"安全"属性对话框

图 3-34 设置用户的"安全"权限对话框

5. 添加任务计划，使计算机在当前时间的 3 分钟后自动启动计算器（也可设置开机自动运行）。

（1）单击开始图标，然后依次单击"所有程序"→"附件"→"系统工具"→"任务计划程序"菜单项，如图 3-35 所示。

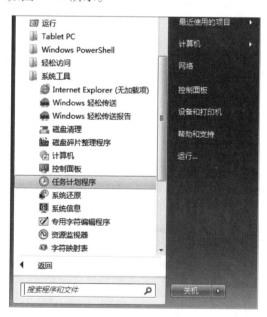

图 3-35 "任务计划程序"菜单项

（2）在图 3-36 所示窗口右边的列表框中单击"创建基本任务"选项。

（3）在"名称"后的文本框中输入任务名称"计算器"，然后单击"下一步"按钮，如图 3-37 所示。

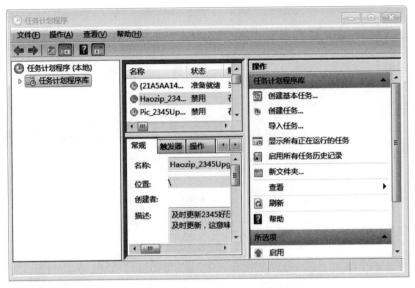

图 3-36 创建"任务计划程序"窗口

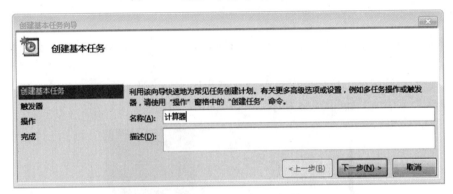

图 3-37 创建基本任务对话框

（4）单击"希望该任务何时开始?"下的"一次"单选按钮，再单击"下一步"按钮，如图 3-38 所示。

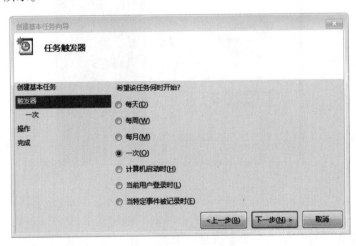

图 3-38 设置任务触发器对话框

（5）在图 3-39 所示的对话框中设置任务开始时间为当前时间的 3 分钟后，再单击"下一步"按钮。

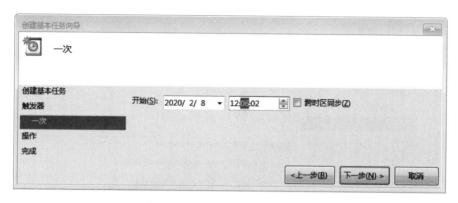

图 3-39 设置任务开始时间对话框

（6）在图 3-40 所示的对话框中单击"启动程序"，再单击"下一步"按钮。

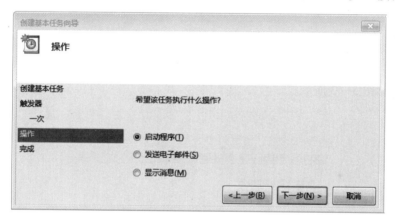

图 3-40 设置任务执行的操作对话框

（7）在图 3-41 所示的对话框中单击"浏览"按钮找到应用程序"C:\Windows\System32\calc.exe"，再单击"下一步"按钮。

图 3-41 设置启动程序对话框

（8）在图 3-42 所示的对话框中单击"完成"按钮。

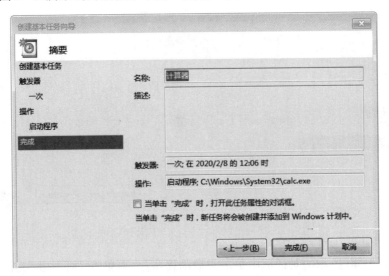

图 3-42　完成任务计划程序设置对话框

6. 卸载/添加应用程序。

（1）单击"开始"图标，再单击"控制面板"菜单项，在控制面板项目中单击"程序和功能"，如图 3-43 所示。

图 3-43　控制面板项目

（2）在"卸载或更改程序"下的列表框中右击需卸载的程序名，在弹出的快捷菜单中单击"卸载"即可，如图 3-44 所示。

7. 为计算机添加任意型号的打印机。

（1）单击"开始"图标，再单击"控制面板"菜单项，在控制面板项目中单击"设备和打印机"，如图 3-45 所示。

（2）在图 3-46 所示窗口中单击"添加打印机"。

图 3-44 卸载应用程序窗口

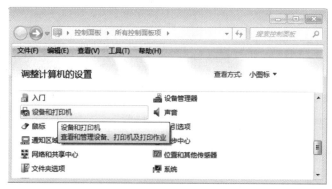

图 3-45 控制面板项目

图 3-46 "设备和打印机"窗口

（3）在图 3-47 所示的对话框中单击"添加本地打印机"，然后单击"下一步"按钮。

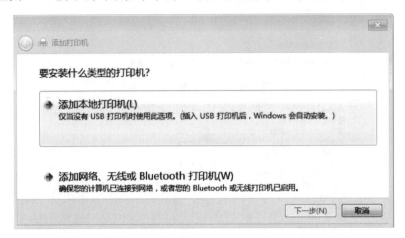

图 3-47　选择安装打印机的类型对话框

（4）在图 3-48 所示的对话框中选择打印机使用的端口（可保持缺省端口号不变），然后单击"下一步"按钮。

图 3-48　选择打印机端口对话框

（5）根据已安装的打印机选择安装相应的打印机驱动程序（在实际工作中，驱动程序可能需要从光盘安装），然后单击"下一步"按钮，如图 3-49 所示。

（6）在图 3-50 所示的对话框中指定打印机名称（可保持缺省名称不变），然后单击"下一步"按钮。

（7）在图 3-51 所示的对话框中设置是否共享打印机，然后单击"下一步"按钮。

> **提示**
> ☞ Windows 内置了许多打印机驱动程序，连接打印机时会自动在系统内查找并安装打印机驱动程序，只有安装了打印机驱动程序才能进行打印预览和打印。如果计算机没有连接打印机，要想在编辑文档时进行打印预览，任意安装一个打印机驱动程序即可。

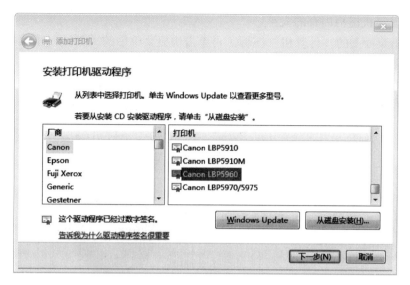

图 3-49　安装打印机驱动程序对话框

图 3-50　指定打印机名称对话框

图 3-51　设置打印机共享对话框

8. 设置计算机虚拟内存的大小。

（1）右击桌面上的"计算机"图标，再单击快捷菜单中的"属性"子菜单。

（2）在图 3-52 所示的窗口中单击"高级系统设置"。

图 3-52 "高级系统设置"窗口

（3）在图 3-53 所示的对话框中单击"高级"选项卡，再单击"设置"按钮。

图 3-53 "系统属性"对话框

（4）在图 3-54 所示的对话框中单击"高级"选项卡，再单击"更改"按钮。

（5）在图 3-55 所示的对话框中单击"自定义大小"前的单选按钮，并在"初始大小"后的文本框中输入定义的大小值，然后单击"确定"按钮。

9. 磁盘清理和磁盘碎片整理。

（1）单击"开始"图标，然后依次单击"所有程序"→"附件"→"系统工具"→"磁盘清理"或"磁盘碎片整理程序"，打开相应的对话框，如图 3-56 所示。

图 3-54　"性能选项"对话框

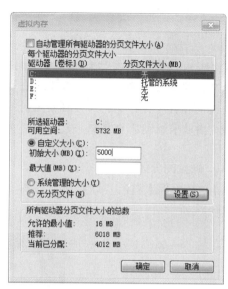

图 3-55　"虚拟内存"对话框

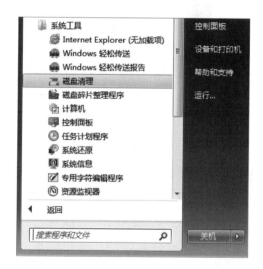

图 3-56　"磁盘清理"菜单项

（2）选择要清理的磁盘驱动器，单击"确定"按钮，如图 3-57 所示。

图 3-57　"磁盘清理：驱动器选择"对话框

提示

☞ 磁盘清理可帮助释放硬盘空间。磁盘清理程序搜索用户的驱动器，然后列出临时文件、Internet 缓存文件和可以安全删除的不需要的程序文件，删除部分或全部文件。磁盘碎片整理程序用于合并硬盘上存储在不同碎片上的文件和文件夹，使这些文件和文件夹首尾相接整齐存储，只占磁盘上的一块空间，提高磁盘读写速度。磁盘清理和碎片整理需要较长时间，可间隔一段时间进行一次此操作。

10. 磁盘的分区。

（1）在桌面上右击"计算机"图标，然后在弹出的快捷菜单中单击"管理"选项，如图 3-58 所示。

图 3-58　打开"计算机管理"窗口

（2）在"计算机管理"窗口中单击左侧的"磁盘管理"选项，在右侧可看到计算机的当前磁盘，在想要分区的磁盘上右击鼠标，如图 3-59 所示。

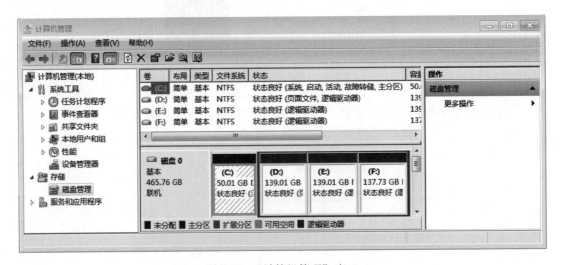

图 3-59　"计算机管理"窗口

（3）在图 3-60 所示窗口的快捷菜单中单击"压缩卷"选项。

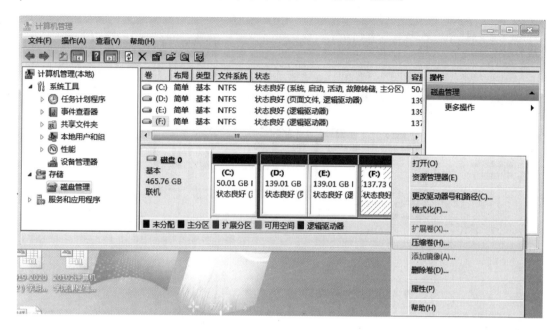

图 3-60　建立"压缩卷"对话框

（4）设定分区磁盘的大小（不能超过最大值，可保持默认值不变），然后单击"压缩"按钮，如图 3-61 所示。

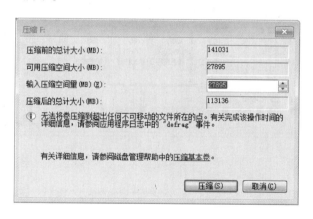

图 3-61　设置压缩空间量窗口

（5）压缩结束后可以在磁盘管理处看到多了一个磁盘，再右击这个新磁盘，如图 3-62 所示。

（6）先单击"新建简单卷"，然后在接下来出现的窗口中单击"下一步"按钮，如图 3-63 所示。

（7）指定新建简单卷的大小（不能超过刚才的设定值），单击"下一步"按钮，如图 3-64 所示。

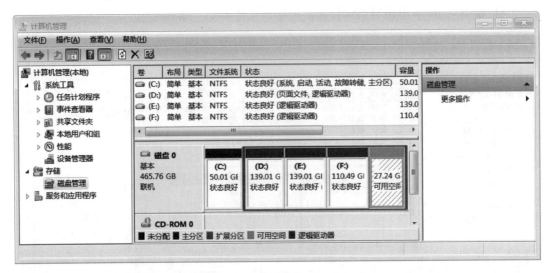

图 3-62 "计算机管理"窗口

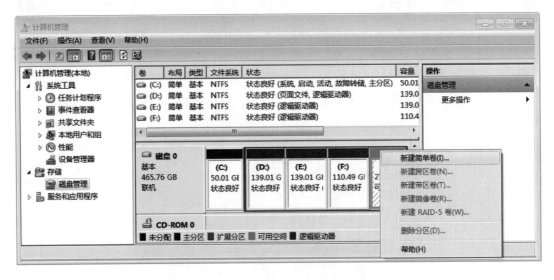

图 3-63 "新建简单卷"快捷菜单

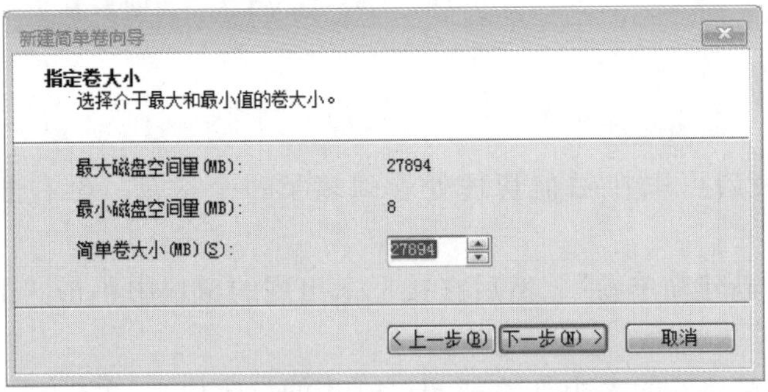

图 3-64 指定卷大小窗口

（8）指定新建驱动器号，可为 H 盘或其他名称，然后单击"下一步"按钮，如图 3-65 所示。

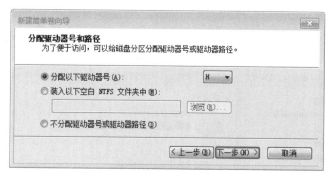

图 3-65　指定新建驱动器号窗口

（9）设置文件系统以及格式化（可保持默认值不变），直接单击"下一步"按钮，如图 3-66 所示。

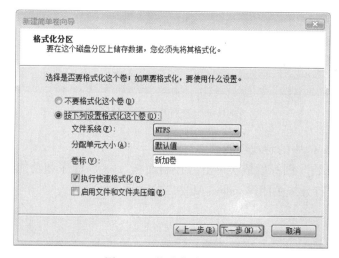

图 3-66　格式化分区窗口

（10）在图 3-67 所示窗口中单击"完成"按钮，即可完成磁盘分区。

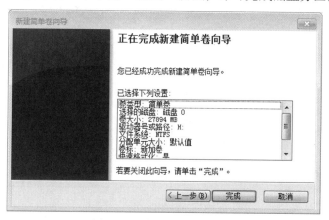

图 3-67　完成磁盘分区窗口

双击桌面上的"计算机"图标，就能看到刚才新建的磁盘分区（H 盘），如图 3-68 所示。

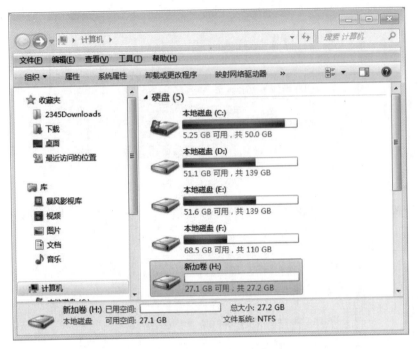

图 3-68　查看新建磁盘分区

11. 关闭 Windows 中的游戏功能。

（1）单击"开始"图标后依次单击"控制面板"→"程序和功能"，再单击图 3-69 所示窗口左侧的"打开或关闭 Windows 功能"选项。

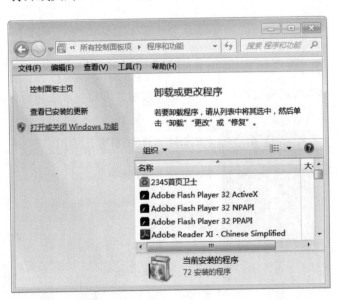

图 3-69　"程序和功能"对话框

（2）在图 3-70 所示对话框中取消勾选"游戏"复选框，单击"确定"按钮，关闭游戏功能。

图 3-70　"Windows 功能"对话框

> **提示**
>
> ☞Windows 附带的某些程序和功能（如 Internet 信息服务）必须打开才能使用。另外一些功能默认情况下是打开的，不使用它们时可将其关闭。

12. 使用 Windows 任务管理器查看系统运行状态及性能，并进行优化。

（1）右击任务栏空白处，再单击快捷菜单中的"启动任务管理器"选项，如图 3-71 所示。

图 3-71　"启动任务管理器"选项

（2）在"Windows 任务管理器"对话框中单击"应用程序"选项卡，然后在任务列表中右击死锁或异常的程序，再单击"结束任务"即可结束程序的运行，如图 3-72 所示。

（3）在"Windows 任务管理器"对话框中单击"进程"选项卡，然后在进程列表中右击死锁、异常或病毒进程，再单击"结束进程"按钮即可结束进程，如图 3-73 所示。

图 3-72 "应用程序"选项卡

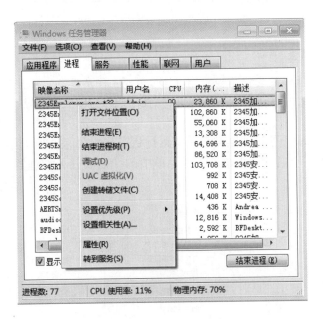

图 3-73 "进程"选项卡

（4）在"Windows 任务管理器"对话框中单击"性能"选项卡，可查看当前系统的运行性能，如图 3-74 所示。

（5）单击图 3-74 中的"资源监视器"按钮，可选择"结束进程"或"挂起进程"，如图 3-75 所示。

（6）在图 3-74 所示的"Windows 任务管理器"对话框中单击"服务"选项卡，可启动或停止指定的服务，如图 3-76 所示。

提示

☞ Windows 中提供的大量服务占据了许多系统内存，其中很多服务一般用户完全用不上，可以选择把它们关闭以提高系统运行效率。

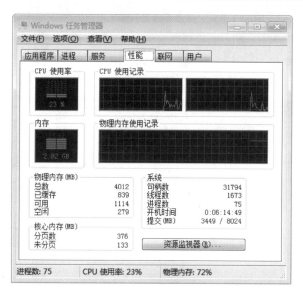

图 3-74 "性能"选项卡

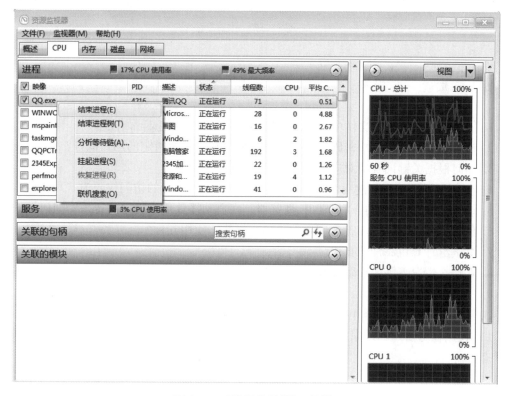

图 3-75 "资源监视器"对话框

图 3-76 "服务"对话框

四、课后练习与思考

1. 能否禁止系统配置文件中自动启动的所有应用程序？怎样操作？

2. 设置系统管理员账户密码有什么好处？如何删除一个指定的用户账户？

3. 如何根据关键词查找对应的有关文件？

4. 在 D 盘根目录下新建一个 Word 文档，设置用户 Users 的访问权限为"可修改"。

5. 能否让计算机开机自动启动 IE 浏览器，并自动播放用户设定的音乐？如何操作？

6. 你知道其他安装或卸载程序的方法吗？能熟练使用几种？

7. 尝试给计算机添加传真机。

8. 在什么情况下需要设置计算机的虚拟内存？

9. 尝试格式化优盘。

10. 尝试进行硬盘的合并操作。

11. 使用任务管理器结束应用程序和进程，并查看运行的进程数、线程数及网络的工作状态。

实验 4　普通虚拟化应用

一、实验目的

1. 体验、感知虚拟机与虚拟化，掌握虚拟机软件 VMware Workstation 的基本操作。
2. 掌握组成一个虚拟计算机的主要部件，理解计算机的组成与工作原理。
3. 掌握虚拟机环境下的 Windows XP 操作系统的安装。
4. 学会与虚拟机交换数据的方法。
5. 学会虚拟机的快照、克隆、备份与恢复。

二、实验任务

虚拟机是"虚拟的"计算机，通过虚拟机软件可以在一台物理计算机上模拟出一台或多台虚拟的计算机，这些虚拟机完全就像真正的计算机那样工作，与真的计算机几乎没有区别。

1. 在 Windows 7 下安装虚拟机系统软件 VMware Workstation 12 Pro。
2. 启动 VMware Workstation，在其中创建一个新的虚拟计算机。
3. 为新建的虚拟计算机安装操作系统 Windows XP。
4. 使用新装的虚拟机 Windows XP。
5. 在虚拟机 Windows XP 操作系统里与外界交换数据。
6. 使用虚拟机的快照技术、克隆技术，并备份、删除与恢复虚拟机。

三、实验步骤

1. 下载并安装虚拟机系统软件 VMware Workstation 12 Pro。

> **说明**
>
> ☞ 要在当前系统中实现虚拟机，必须安装一种虚拟机的运行环境支撑软件。目前适合个人计算机使用的流行虚拟机系统软件有 VMware 的 VMware Workstation（Linux 和 Windows 系统）和 VMware Fusion（Mac 系统）、Oracle 的 Virtual Box 等，本实验使用的是 VMware Workstation 12 Pro。

（1）选择快速的网站下载 VMware Workstation 12 Pro 的安装包并运行。
（2）反复单击"下一步"按钮，直至安装完成。
2. 启动 VMware Workstation。
（1）在开始菜单里面找到 VMware Workstation 12 Pro 菜单项。

（2）单击后运行 VMware Workstation 12 Pro，其主界面如图 3-77 所示。

图 3-77　VMware Workstation 12 Pro 的主界面

3. 为安装 Windows XP 创建一个新的虚拟计算机。

> **说明**
>
> ☞ 自己 DIY 一台真正的计算机时，不但要考虑预算是否足够，还要考虑各部件的性能参数、品牌，甚至形状、大小、颜色等因素。组装虚拟计算机时，硬件是虚拟的、标准的、没有价格的，很多不影响虚拟机性能的部件（如键盘、鼠标、显卡、声卡、光驱、软驱）都不需要选择，直接为标准配置（默认自动选择），需要用户选择的是影响虚拟机性能的关键部件：主板、放置位置、计划在虚拟机中安装的操作系统、CPU 数量（高级的虚拟化系统还可选择主频）、内存大小、网卡类型（联网方式）、硬盘大小。

要求：创建的虚拟机的配置为：1 个双核 CPU、512 MB 内存、1 个 8 GB 硬盘，光驱、网卡、键盘、鼠标、显示器、声卡等为系统默认标准配置。

单击图 3-77 中的"创建新的虚拟机"链接，启动新建虚拟机向导。选择"自定义"方式，如图 3-78 所示。

> **提示**
>
> ☞ VMware 提供了 2 种新建虚拟机的方式："典型"和"自定义"。"典型"方式比较简单，很多选项为默认值，但不够灵活；"自定义"方式则由用户自主选择相应的硬件，需要用户对计算机硬件比较熟悉。两者的区别主要在于创建虚拟机时，确定配置参数的方法不同，无论选取什么方式创建虚拟机，创建好之后都随时可以修改虚拟机的硬件配置。

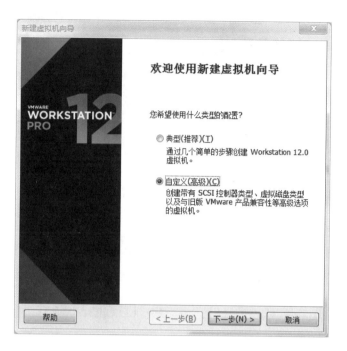

图 3-78　选择虚拟机的配置类型

　　单击"下一步"按钮，进入"选择虚拟机硬件兼容性"对话框。

提示

　　☞ 选择虚拟机硬件的兼容性，相当于选择虚拟机的主板性能。此处建议选择系统默认值"Workstation 12.0"，它提供的虚拟硬件及特性最多，支持 64 GB 内存、16 个 CPU、10 块网卡、8 TB 硬盘。应当注意，若虚拟机上所要安装的操作系统版本较低，不支持很多新的硬件，则应选择其他合适值。

　　单击"下一步"按钮，进入"安装客户机操作系统"窗口，选择安装操作系统的位置，如图 3-79 所示。

提示

　　☞ 客户机操作系统指的是创建在虚拟机上运行的操作系统，可以选择从物理光驱安装，也可以选择从 ISO 格式的光盘映象文件安装。若选择两者之一，则要求用户此时就有相应系统的安装光盘或 ISO 格式的光盘映象文件，VMware 能从光盘上自动判断用户要安装的操作系统并进行相应的设置。

　　如果不希望自动安装系统，或者用户使用的是如"电脑公司特别版"之类的 Ghost 安装盘，则应选择第 3 项："稍后安装操作系统"。本实验要求选择第 3 项。

　　单击"下一步"按钮，进入"选择客户机操作系统"窗口，选择安装到虚拟机上的操作系统的类型：Windows XP Professional。

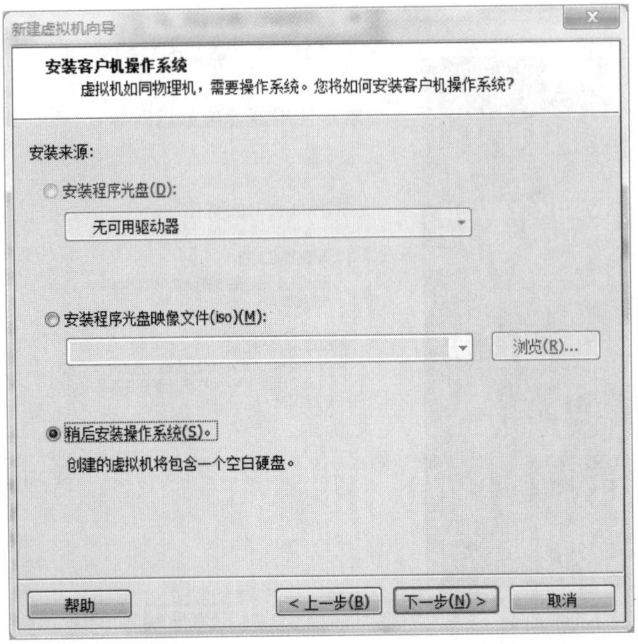

图 3-79　选择操作系统光盘的位置

提示

☞ VMware Workstation Pro 支持安装的系统除了微软的 Windows 全部系列，还可安装 Linux、Novell NetWare、Sun solaris 等类型。如果是在真正的计算机上安装，有的系统将由于缺乏专用的硬件而无法安装，有的系统则由于不能识别最新的硬件而无法安装，如 Windows 98、Windows NT 等。使用虚拟机则不存在这些问题。

虚拟机硬件创建好之后还可以修改，但虚拟机的操作系统安装好之后不能修改。

单击"下一步"按钮，进入"命名虚拟机"窗口，为虚拟机取一个名字并选择虚拟机在主机上的放置地点。

提示

☞ 若无特别要求，虚拟机在主机上的放置位置使用系统提供的默认值即可。虚拟机所有的虚拟硬件、BIOS 设置、操作系统、应用软件和用户文件等，一般情况下，在主机中就是某个文件夹下的几个文件，该文件夹就相当于虚拟机的机箱。因此，只需将该机箱（文件夹）复制即可搬至另外的主机上使用。

指定虚拟机在主机上的放置位置时，应先考虑相应磁盘的空间是否足够。若主机上有多块物理硬盘，则建议将虚拟机放置在与主机操作系统文件不同的物理硬盘上，以提高虚拟机的运行速度。

单击"下一步"按钮，进入"处理器配置"窗口，选择 CPU 数量，如图 3-80 所示。"处理器数量"和"每个处理器的核心数量"一起决定系统的 CPU 数量。

图 3-80　选择虚拟机的 CPU

　　单击"下一步"按钮，进入"此虚拟机的内存"窗口，选择虚拟机的内存大小。如果主机配置的物理内存较大，则应为虚拟机选配较大的内存，以提高其运行速度。

　　单击"下一步"按钮，进入"网络类型"窗口，选择虚拟机的网卡及联网方式，如图 3-81 所示。虚拟机不要网卡也可以工作，网卡及联网方式主要有以下 3 种选择。

　　● 使用仅主机模式网络：仅能实现虚拟机与主机联网，与外界网络无法联通，很少使用。

　　● 使用桥接网络：主机网卡的作用为透明网桥（或交换机），让虚拟机直接与外部联网（通过主机的物理网卡），效果就相当于虚拟机的网线直接连接到了主机网卡外联的端口（交换机、路由器或 ADSL Model 的以太网口）上，需要在虚拟机系统的本地连接的属性上配置与主机类似的 IP 地址、子网掩码、网关、DNS 等参数。如果主机使用 ADSL 虚拟拨号上网，则虚拟机也需要这么做（此时主机未拨号）；如果主机使用自动分配 IP 上网，则虚拟机也应进行相应设置。

　　● 使用网络地址转换（NAT）：主机网卡的作用为小路由器，让虚拟机连接到此路由器，通过此路由器上网。该方式下虚拟机的系统里不需要为其本地连接配置诸如 IP 地址等网络参数（由 VMware 实现自动分配）。在此情况下，只要主机能上网，则虚拟机里的系统不需要任何额外设置，也能上网。如果主机使用 ADSL 虚拟拨号上网，则虚拟机能上网的前提是主机系统已完成拨号连接。

　　"使用桥接网络"的优点在于直接与外界联网，外面联网的计算机能直接访问虚拟机（就像真的一样，在网上看不出差别），例如，Ping 操作或网上邻居共享，十分方便；同时，其坏处也由此而生，虚拟机直接暴露在网上，安全隐患显而易见。应当指出，此种方式下主机能否上网，并不影响虚拟机，两者是独立的，例如，主机的 IP 地址等什么都不配置，对虚拟机一点影响都没有——只要虚拟机的这些联网参数配置正确且主机未禁用其网卡即可，这也是一种安全方案，主机不上网而由虚拟机上网。

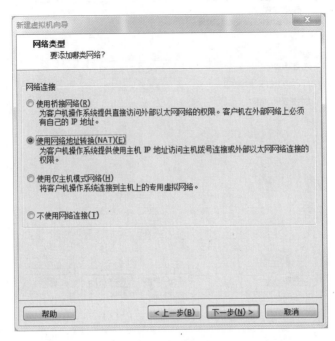

图 3-81　选择虚拟机的网卡及联网方式

"使用网络地址转换（NAT）"的优点是使用简单，不需要进行任何额外配置，其余则与"使用桥接网络"刚好相反。尽管外面的计算机看不到虚拟机的存在（看到的是主机），无法直接访问本虚拟机（高级用户可在 NAT 里进行相应的设置而让某些访问能进行），虚拟机不受外来的主动攻击，但虚拟机对外的网络访问不受任何影响，包括访问有风险的网站、下载病毒和木马到虚拟机中运行。

单击"下一步"按钮，进入"选择 I/O 控制器类型"窗口。只要安装并工作在虚拟机里的软件没有特殊要求，选择默认值即可。

单击"下一步"按钮，进入"选择磁盘类型"窗口，选择磁盘的类型为 IDE 或 SCSI。只要安装并工作在虚拟机里的软件没有特殊要求，选择默认值即可。

单击"下一步"按钮，进入"选择磁盘"窗口，选择为虚拟机配备的硬盘来源"创建新虚拟磁盘"，如图 3-82 所示，有如下 3 种选择。

● 创建新虚拟磁盘：创建一个新的虚拟硬盘。虚拟硬盘在主机里表现为虚拟机"机箱"文件夹下的若干个文件。

● 使用现有虚拟磁盘：使用已存在的虚拟硬盘。例如，若在其他虚拟机的虚拟硬盘上已装好很多文件，则可将该虚拟硬盘（主机里的对应文件）复制过来，通过此方式安装到本虚拟机上。

● 使用物理磁盘（适用于高级用户）：建议专业级用户使用物理磁盘。在此种方式下，将主机上的一个物理硬盘或某个分区作为一个硬盘分配给虚拟机。这种方式下虚拟机的硬盘速度最快，虚拟机直接访问硬件，不需要经过主机操作系统统一调度。此种方式仅适合专业级且有特殊需求的用户使用，一般用户不要选择，因为这种选择弄不好会损坏主机的数据（如分区分错或硬盘选错）或主机里的操作不小心会损坏虚拟机的硬盘（计算机病毒互串），虚拟机和主机的独立性差，且虚拟机的备份和复制很不方便。

　　单击"下一步"按钮，进入"指定磁盘容量"窗口，指定硬盘的容量及在主机上的组织方式，如图 3-83 所示。

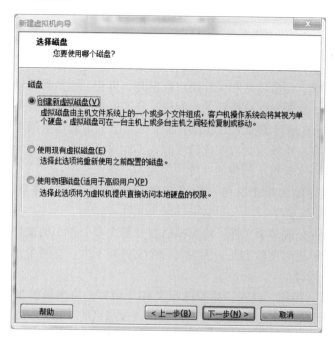

图 3-82　选择虚拟机的硬盘来源

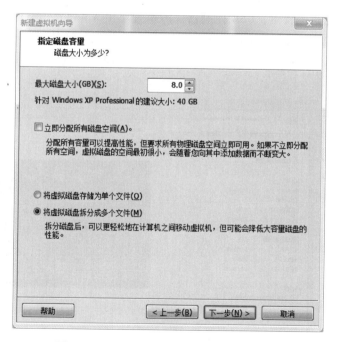

图 3-83　选择虚拟机硬盘的容量及组织方式

> **提示**
>
> ☞ 硬盘的大小不能超过主机硬盘空闲空间的大小。硬盘在虚拟机里就是一块真正的硬盘，在虚拟机里安装系统时还需要对此硬盘分区、格式化，除了 C 盘外，还可以分出 D、E 等盘。

在为虚拟机添置硬盘时，是否勾选复选框"立即分配所有磁盘空间"，也应慎重考虑。若不选，优点是虚拟机新建很快完成，且仅占用主机极少的磁盘空间。在虚拟机运行的过程中，安装操作系统、应用软件和保存用户数据时，再从主机里临时动态分配空间，从而使得虚拟机的备份、复制和保存所耗的空间少，且速度快。缺点主要是虚拟机的运行速度稍慢，因为 VMware 在运行虚拟机的过程中向主机动态申请磁盘空间本身要耗费时间，且分配到的磁盘空间在主机硬盘上可能比较零碎，不能保证连续，从而导致虚拟机的磁盘访问综合速度下降。本实验追求创建的速度，因此不选择该选项。

● 将虚拟磁盘存储为单个文件：将虚拟磁盘存储在一个文件里，优点是主机管理方便。

● 将虚拟磁盘拆分成多个文件：将虚拟磁盘分割为多个较小的文件存储，优点是将虚拟机移动到其他计算机时比较方便，因为每一个文件均不大。这两个选项的优点与缺点刚好相反，根据需要选择。

单击"下一步"按钮，进入"指定磁盘文件"窗口，为虚拟磁盘在主机磁盘上对应的文件命名并选择存放位置。默认的存放位置在该虚拟机的"机箱"文件夹下，建议不做改动，以方便虚拟机的备份。

单击"下一步"按钮，进入"已准备好创建虚拟机"窗口，VMware 显示出这台虚拟机的配置情况（光驱、软驱、USB 控制器、声卡等已由 VMware 作默认选择），一台新的虚拟机即将生产出厂！若现在不需要再对虚拟机的配件进行任何修改，则单击"完成"按钮完成虚拟机的组装，VMware Workstation 回到其主界面，如图 3-84 所示。

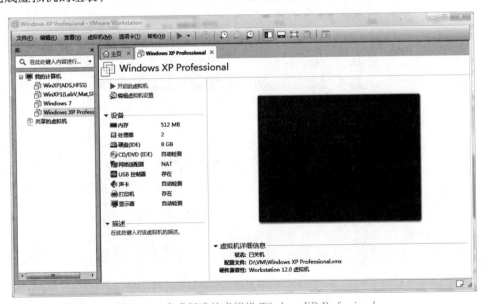

图 3-84　完成新建的虚拟机 Windows XP Professional

提示

☞ 如果需要更改所建虚拟机的硬件配置，还可单击图 3-84 中的 "编辑虚拟机设置" 或在 "我的计算机" 下的 "Windows XP Professional" 上右击鼠标后选择 "设置" 或在 "虚拟机" 菜单下选择 "设置"，对虚拟机进行修改，如图 3-85 所示。可以删除不需要的硬件（如软驱），也可以增加硬件，例如，增加多块网卡、多块硬盘和多个光驱等，还可以修改已有部分硬件的配置，例如，内存大小、CPU 数量、光驱和软驱的设置等。

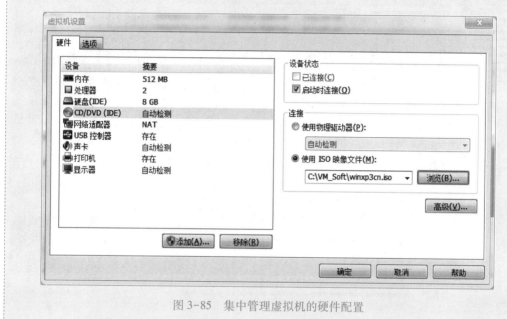

图 3-85　集中管理虚拟机的硬件配置

4. 为新建的虚拟计算机安装操作系统 Windows XP。

（1）将系统软件光盘插入虚拟机。可以使用物理光驱（physical drive），将光盘放入光驱；也可以使用光盘映象文件（ISO image file），包括 CD-ROM 和 DVD，此时需选择相应的 ISO 文件。可以为虚拟机装配多个光驱。光驱的设置如图 3-85 所示。当虚拟机开机运行时，通过 "虚拟机" 菜单里的 "可移动设备" 菜单项或单击图 3-86 右角的光盘图标，都可进行光盘设置。

在安装软件的过程中，经常需要更换光盘，用户可选择一种自己习惯的方式完成任务。

（2）单击图 3-84 中的 "开启此虚拟机" 按钮或选中虚拟机后单击上部的加电按钮▶，给虚拟机加电开机，虚拟机便像真正的计算机一样开始运行。

（3）在虚拟机上安装 Windows XP 的过程与在真实的计算机上安装没有区别，按照提示一步步操作即可。

提示

☞ 操作时用鼠标单击虚拟机的屏幕，鼠标和键盘便被虚拟机所使用，若需退出虚拟机，按 Ctrl+Alt 组合键即可。

（4）单击"虚拟机"菜单中的"安装 VMware Tools"选项，将专门的驱动程序和管理程序安装到虚拟机中，提高虚拟机的运行性能和管理的方便性。

以上安装过程结束后，Windows XP 完成启动并经简单设置后的界面如图 3-86 所示。为了提高系统运行速度，无论屏幕分辨率如何，都建议将颜色质量设置为"中（16 位增强色）"。

（5）在虚拟机上安装应用软件，加强对虚拟机的认识。

图 3-86　虚拟机 Windows XP 开机启动完成

5. 虚拟机 Windows XP 的基本使用。

（1）练习"查看"菜单的使用。

"查看"菜单里有"全屏、Unity、控制台视图、立即适应客户机、立即适应窗口、自动调整大小、自定义"等选项，在虚拟机开机和关机状态下，体验其效果，掌握每一种菜单项的作用。

虚拟机运行在主机系统里，就是一个应用程序窗口。可让虚拟机的显示进入全屏模式，此时虚拟机的桌面将占满整个显示器，在全屏模式下，除了桌面顶端的工具条会暴露身份外（如图 3-87 所示，可以单击最左边的按钮实现隐藏或显示），从外观和使用上很难辨别出其是一台虚拟机。

通过图 3-87 所示工具条中的菜单项或按钮，练习各种显示模式间的切换。

图 3-87　虚拟机进入全屏模式后位于显示器顶端的工具条

（2）练习"可移除设备"的使用（尤其是 U 盘的使用）。

在虚拟机中，CD/DVD、网络适配器、打印机、声卡和 USB 设备都是可以移除的，可根据需要与虚拟机连接或断开连接，如图 3-88 所示。

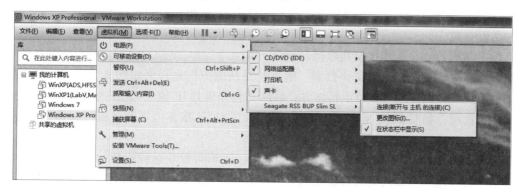

图 3-88 VMware Workstation 的"虚拟机"菜单及"可移动设备"子菜单

在这些可移除的设备中，唯一不同的是 USB 设备。一是不同 USB 设备在系统中显示的名字可能不同，二是 USB 设备不能与主机共享，由图 3-88 可以看出，连接 U 盘到虚拟机的操作即意味着该 U 盘与主机断开。

（3）练习开机和关机状态下，"虚拟机"菜单下"电源"子菜单中各项功能的使用；在"电源"子菜单中启动、关闭、挂起和重启客户机等。

提示

☞ 虚拟机也有自己的 BIOS 设置，启动时按 F2 或 Delete 键（不同版本可能有差异）进入，如图 3-89 所示。由于虚拟机开机时自检速度很快，开机启动界面一晃而过，来不及按 F2 键，此时可单击"虚拟机"→"电源"→"打开电源时进入固件"进行 BIOS 设置。

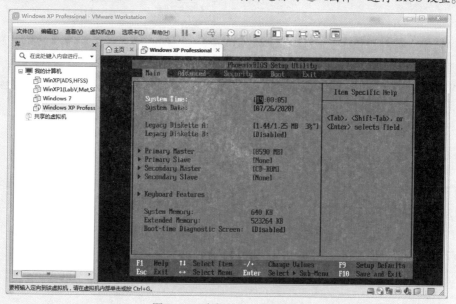

图 3-89 虚拟机的 BIOS 设置

6. 在虚拟机 Windows XP 里与外界交换数据。

虚拟机与其他计算机交换数据的方式和普通计算机一样。通过移动存储介质（如 U 盘）交换数据，通过网络共享文件夹，通过电子邮件或 QQ 传送文件等。另外，通过远程桌面、VMware Workstaion Pro 特有的"共享文件夹"与 Map Virtual Disks 也可实现与虚拟机的数据交换。

（1）通过远程桌面连接交换数据。

若计算机 A 要与虚拟机交换数据，则无论是从虚拟机远程桌面到 A 还是从 A 远程桌面到虚拟机（此时要求虚拟机以桥接方式联网并且知道其 IP 地址），在远程桌面连接时设置其连接选项，如图 3-90 所示，单击左下角的"选项"按钮可以展开或收起详细的连接选项设置。

设置图 3-90 的"本地资源"选项卡的选项，不但可以让远程连接的计算机使用本地的声卡、打印机（自动映射为远程计算机的一个打印机，远程计算机上可能需要安装相应的驱动程序）、剪贴板等，还可以通过单击图 3-90 中的"详细信息"进行选择，让远程计算机能使用本地计算机的智能卡、端口、磁盘（含移动硬盘、U 盘等，出现在远程计算机的"我的电脑"里），从而实现相互数据交换。

图 3-90　远程桌面连接的选项设置关与开

（2）通过"共享文件夹"实现主机与虚拟机间的数据交换。

① 单击图 3-85 中的"选项"→"共享文件夹"选项，设置要共享主机的哪一个文件夹（可设多个文件夹）到虚拟机中，以及在虚拟机中显示的文件夹名称、是否自动映射为网络驱动器、是否只读等。

② 在虚拟机"开始"→"运行"里，输入"\\.host"即可访问主机通过"共享文件夹"方式共享的文件夹。

提示

☞ "共享文件夹"并非传统的网络共享文件夹，仅用于主机与虚拟机间的共享。

（3）通过"文件"菜单中的"映射虚拟磁盘"将虚拟机的磁盘在主机中映射为一个逻辑磁盘，类似于映射网络驱动器。

提示

☞ 建议一般用户不要使用此功能，特别是虚拟机开机运行时，若从主机和虚拟机同时对虚拟机磁盘进行操作，极易造成虚拟机磁盘数据混乱。

---

7. 使用虚拟机的快照技术。

快照（snapshot）功能与一键还原功能、还原卡的功能很类似，使用灵活、方便，且可建立多个状态的快照，对于从事软件测试、安全测试和从事对系统有风险的工作是极佳的选择：先对当前良好状态做快照，然后在其中进行测试，测试完毕后可选择还原到以前做快照时的状态。

单击"虚拟机"→"快照"→"快照管理器"可以打开快照管理。图 3-91 所示的是已做了 4 个快照后的情况，用户可以观察快照间的关系，操作步骤如下。

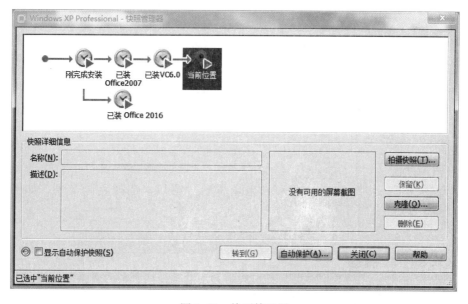

图 3-91　快照管理器

（1）安装好基本的系统后，做一个快照（拍摄快照），命名为"刚完成安装"。

（2）安装 Office 2016 后，做一个快照，命名为"已装 Office 2016"。

（3）在图 3-91 中单击快照"刚完成安装"，再单击"转到"按钮，将当前系统恢复到快照"刚完成安装"所记录的状态。

（4）安装 Office 2007 后，做一个快照，命名为"已装 Office 2007"。

（5）安装 VC 6.0 后，做一个快照，命名为"已装 VC 6.0"。

在图 3-91 中，可根据需要删除某个快照，并不影响虚拟机当前的状态；也可根据工作的需要随时"转到"某一快照，例如，系统当前在"已装 VC 6.0"后的某一时刻，若转到"已装 Office 2016"，则系统瞬间就恢复到快照"已装 Office 2016"所记录的状态，即系统中不再有 Office 2007 和 VC 6.0，此后还可随时转到快照"已装 Office 2007""已装

VC 6.0"或"刚完成安装"。

8. 使用虚拟机的克隆技术。

快照相当于拥有了多台虚拟机,但同一时刻只能选择进入其中一个状态。当需要多个相同的系统同时运行时,通过克隆(clone)能够节约重复安装所耗费的时间。

(1)单击"虚拟机"→"管理"→"克隆",启动克隆向导。

(2)单击"下一步"按钮,选择是克隆虚拟机中的当前状态,还是克隆虚拟机关机后的某一个快照,如图 3-92 所示。

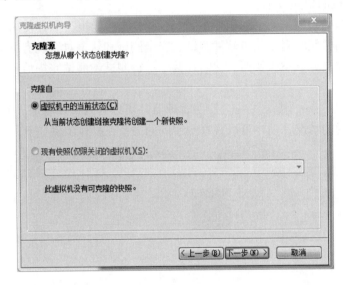

图 3-92 选择克隆虚拟机的状态

(3)单击"下一步"按钮,进入"克隆类型"窗口,选择克隆类型,如图 3-93所示。

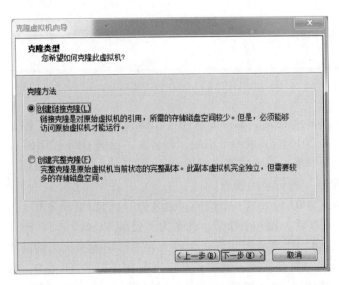

图 3-93 选择克隆虚拟机的类型(方法)

● 创建链接克隆：所占用的磁盘空间少且速度非常快，与快照类似，对原虚拟机依赖较大。

● 创建完整克隆：将克隆的对象完整地复制，所占用磁盘空间较大、耗时长，但独立性较好。一般情况下，推荐选择链接克隆。

（4）单击"下一步"按钮，为克隆出来的虚拟机命名并选择"机箱"文件夹。

（5）单击"完成"按钮，开始克隆。

9. 备份、删除与恢复虚拟机。

（1）备份虚拟机。

要把在一台主机上的某台虚拟机备份至另外的主机上使用，只需复制该虚拟机的"机箱"文件夹即可，如图 3-94 所示。复制时可先将该文件夹打包为一个压缩文件。

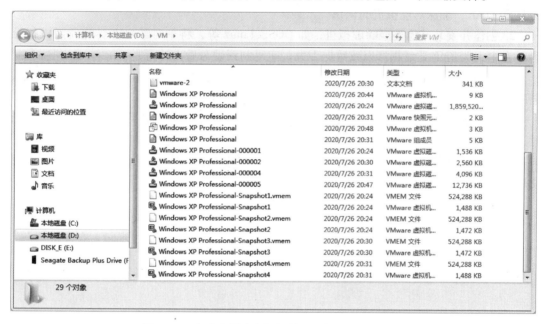

图 3-94 实验中所建虚拟机的"机箱"文件夹内容

从图 3-94 中可以看出，尽管配置的硬盘大小为 8 GB，但由于未勾选"立即分配所有的磁盘空间"（图 3-83 所示），还未在虚拟机上安装大量应用等软件，因此目前机箱所占用空间较少，约 4 GB。

（2）删除虚拟机。

不要轻易删除虚拟机，需要删除时可以直接删除虚拟机对应的"机箱"文件夹，一般用户应通过单击"虚拟机"→"管理"→"从磁盘中删除"选项来完成操作。

（3）恢复或使用他人已安装好的虚拟机。

将备份的虚拟机文件复制到自己的计算机上，若是压缩文件则先解压缩，然后双击解压缩后的文件 ***.vmx 或在 VMware Workstation Pro 中单击"文件"→"打开"打开该文件，即可正常运行虚拟机。能实现这一步的前提是自己的计算机上已安装了 VMware Workstation 或 VMware Player（虚拟机播放器，容量比 VMware Workstation 小很多，能运行现有的虚拟机）。与此同时，用户会发现复制 A 主机上的虚拟机到 B 主机上运行时，尽管

A 和 B 的硬件差别很大，但并不需要重装驱动程序！

对于一些复杂的软件，将其安装到虚拟机里，然后再分发给用户使用是十分高效的：再也不用为软件是工作在 Linux 操作系统下而客户的操作系统是 Windows XP 而烦恼，也不需要在每一台计算机上进行同样复杂、枯燥的工作，再也不用担心客户计算机的软件环境有问题而影响软件的正常运行。

本实验要求恢复运行已安装好的 Linux 虚拟机。

四、课后练习与思考

1. 下载并使用已安装好的虚拟机，如 DOS、Windows 98、Windows 2000、Windows 2003 和 Linux，加深对虚拟机的认识。

2. 创建并安装其他类型的虚拟机，如 DOS、Linux 等，将平时学习需要的虚拟机备份到 U 盘中（为避免 U 盘损坏以致数据丢失，应复制到硬盘后再运行）。

3. 为访问有安全隐患的网站、运行可能不安全的程序准备专用的虚拟机，为网银、电商活动准备专用的虚拟机。

4. 某虚拟机在工作过程中出现死机、无响应，无法通过单击其开始菜单重启等情况时，该怎么办？

5. 下载并安装 VMware ThinApp，体验应用程序虚拟化：将一个原本需要安装后才能使用的软件做成绿色版，即不需要安装即可使用。

实 验 5　文 件 备 份

一、实验目的

1. 掌握设置计算机自动与 Internet 时间服务器同步的方法。
2. 掌握开启网络发现功能的方法。
3. 掌握启用备份和还原的系统服务方法。
4. 掌握文件的备份与还原及同步方法。
5. 掌握创建系统映像的方法。

二、实验任务

1. 设置计算机自动与 Internet 时间服务器同步。
2. 开启计算机的网络发现功能。
3. 设置及管理文件的同步。
4. 启用备份和还原的系统服务。

5. 文件的备份。
6. 文件的还原。
7. 创建系统映像。

三、实验步骤

1. 设置计算机自动与 Internet 时间服务器同步。

（1）单击开始图标，然后单击"控制面板"选项，打开"控制面板"对话框。

（2）在控制面板项目列表中单击"日期和时间"选项，打开如图 3-95 所示的窗口。

图 3-95　"日期和时间"窗口

（3）单击"Internet 时间"选项卡，再单击"更改设置"按钮，如图 3-96 所示。

图 3-96　设置"Internet 时间"窗口

（4）勾选"与Internet时间服务器同步"复选框，然后单击"确定"按钮，如图3-97所示。

图3-97 "Internet时间设置"窗口

提示

☞ 计算机时钟与Internet时间服务器同步，意味着可以更新计算机上的时钟，保持本地计算机时间与服务器上的时钟匹配，这有助于确保计算机上的时钟是准确的。进行时钟同步必须将计算机连接到Internet上。

2. 开启计算机的网络发现功能。

（1）单击开始图标，然后打开"控制面板"对话框。

（2）在查看方式里选择"类别"选项，如图3-98所示。

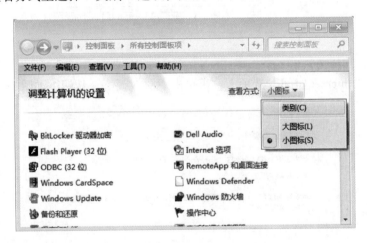

图3-98 选择查看方式为"类别"

（3）单击选择"网络和Internet"，如图3-99所示。

（4）单击选择"网络和共享中心"，如图3-100所示。

（5）单击选择窗口左侧的"更改高级共享设置"，如图3-101所示。

图 3-99　选择"网络和 Internet"

图 3-100　选择"网络和共享中心"

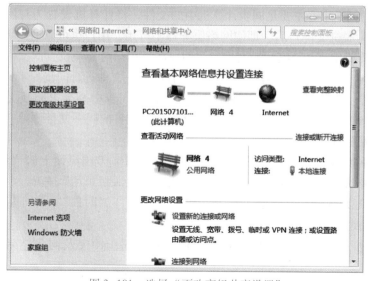

图 3-101　选择"更改高级共享设置"

（6）单击选中"启用网络发现"前的单选按钮，再单击"保存修改"按钮，然后重新启动系统即可，如图 3-102 所示。

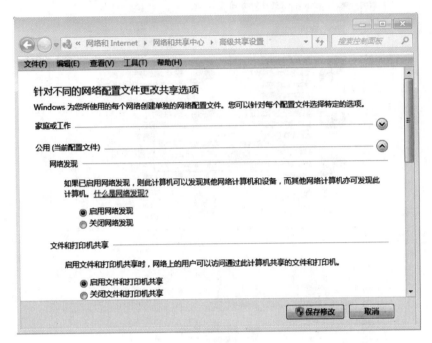

图 3-102 选中"启用网络发现"

> **提示**
>
> ☞ 开启计算机的网络发现，就可以在网络上看到局域网内的其他计算机了。其他计算机也能看到本机。

3. 设置及管理文件的同步。

Windows 的同步中心主要是同步计算机中的文件，将计算机设置为与网络服务器同步文件（通常称为脱机文件）后，即使网络服务器不可用，用户也可以通过将文件已同步的副本保存在计算机中，从而实现对文件的访问。如果用户对某一位置的文件进行了修改或删除，可以使用"同步中心"对存储在另一位置的同一文件进行同步。当同步文件时，同步中心比较两个文件之间是否存在差异，若存在，则同步中心会复制新文件去覆盖旧文件；若一个位置的文件被删除，同步中心则会将另一位置的同一文件删除。用户也能通过同步中心查看最近同步活动的结果。

（1）设置网络文件夹以便与"同步中心"一起使用。双击桌面上的"计算机"图标，找到并右击网络文件夹或网络驱动器，然后单击"始终脱机可用"选项。

（2）单击开始图标，然后依次单击"所有程序"→"附件"→"同步中心"选项，如图 3-103 所示。

（3）在同步中心可查看文件的同步合作关系、同步冲突及同步结果，如图 3-104 所示。

图 3-103 打开"同步中心"对话框

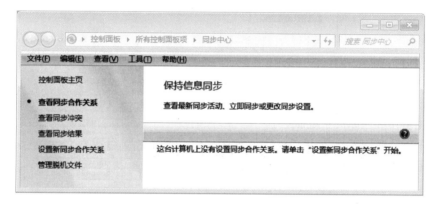

图 3-104 "同步中心"对话框

（4）单击窗口左侧的"设置新同步合作关系"，如图 3-105 所示。

图 3-105 "设置新同步合作关系"对话框

（5）单击"管理脱机文件"（断网也能同步之前已经共享的文件副本），弹出如图 3-106 所示的窗口。

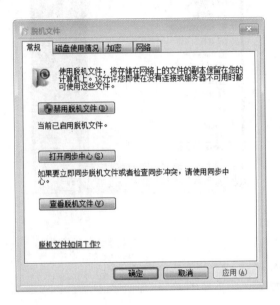

图 3-106 "脱机文件"窗口

4. 启用备份和还原的系统服务。

（1）单击开始图标，单击"运行"选项。在"运行"窗口输入：services.msc，然后单击"确定"按钮执行命令，如图 3-107 所示。

图 3-107 Windows 的"运行"窗口

（2）在系统打开的"服务"对话框中找到并右击"Block Level Backup Engine Service"选项，然后在弹出的快捷菜单中单击"属性"选项，即可启用该服务，如图 3-108 所示。

（3）找到并右击"Windows Backup"选项，在弹出的快捷菜单中单击"属性"选项，即可启用该服务，如图 3-109 所示。

（4）找到并右击"Volume Shadow Copy"选项，在弹出的快捷菜单中单击"属性"选项，即可启用该服务，如图 3-110 所示。

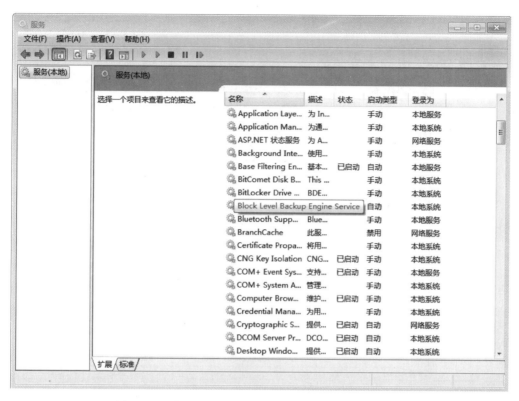

图 3-108　启用服务 "Block Level Backup Engine Service"

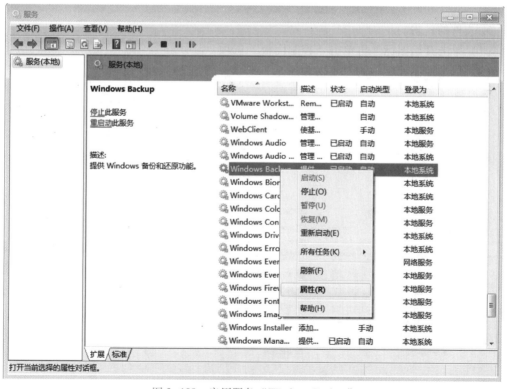

图 3-109　启用服务 "Windows Backup"

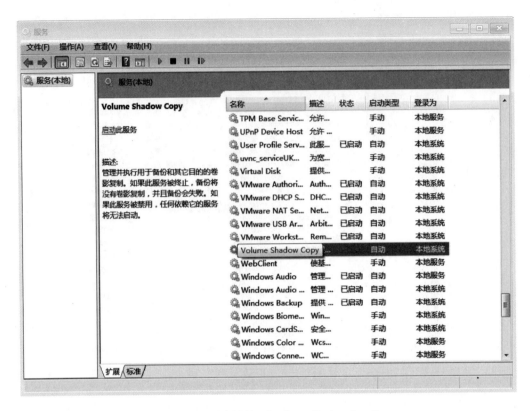

图 3-110 启用服务"Volume Shadow Copy"

5. 文件的备份。

（1）单击开始图标，再单击"控制面板"选项。

（2）单击控制面板中的"备份和还原"选项，如图 3-111 所示。

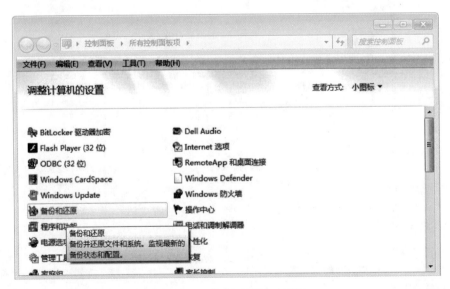

图 3-111 "控制面板"对话框

（3）在"备份和还原"对话框下方找到并单击"设置备份"，如图 3-112 所示。

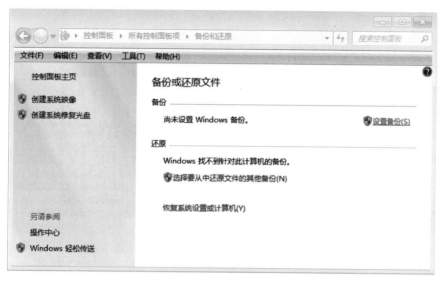

图 3-112 "备份和还原"对话框

（4）选择保存备份文件的磁盘，然后单击"下一步"按钮，如图 3-113 所示。

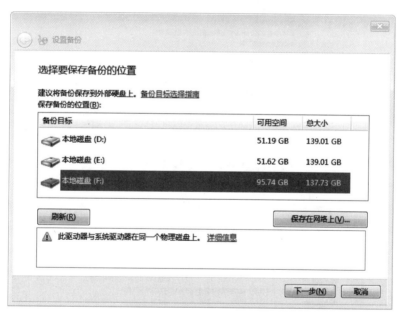

图 3-113 "设备备份"窗口

（5）单击选中"让我选择"单选按钮，再单击"下一步"按钮，如图 3-114 所示。

（6）选中需要保存的文件或者文件夹，再单击"下一步"按钮，如图 3-115 所示。

（7）单击"更改计划"，确定备份的频率，然后依次单击"确定"按钮、"保存设置并运行备份"按钮，如图 3-116 和图 3-117 所示。

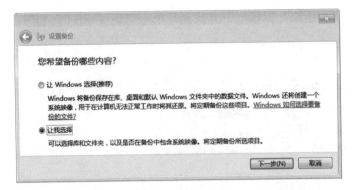

图 3-114 "设备备份"窗口

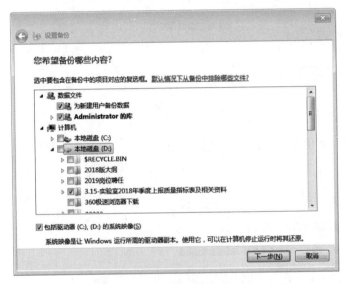

图 3-115 "设备备份"窗口

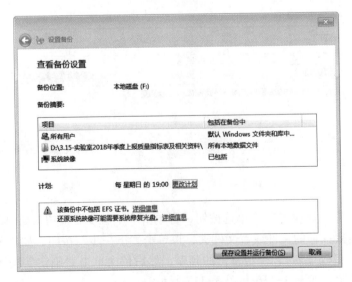

图 3-116 "设备备份"窗口

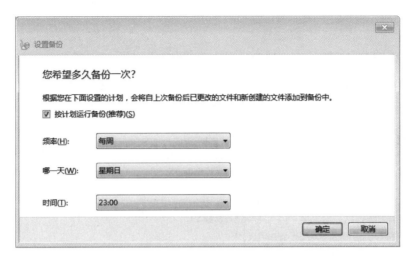

图 3-117　"设备备份"窗口

(8)完成设置后的"备份和还原"对话框如图 3-118 所示。

图 3-118　"备份和还原"对话框

6. 文件的还原。

(1)单击开始图标,再单击"控制面板"选项。

(2)单击控制面板中的"备份和还原",如图 3-119 所示。

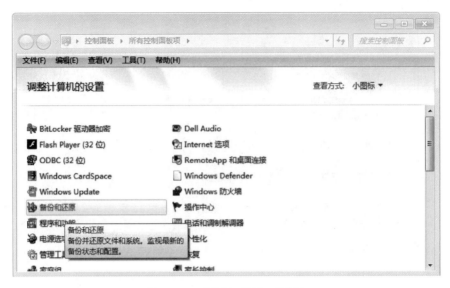

图 3-119 "控制面板"对话框

（3）单击图 3-120 所示对话框右下方的"还原我的文件"按钮。

图 3-120 "备份和还原"窗口

（4）在"还原文件"窗口中单击"浏览文件"（或"浏览文件夹"）按钮，以便选择还原的文件（或文件夹），如图 3-121 所示。

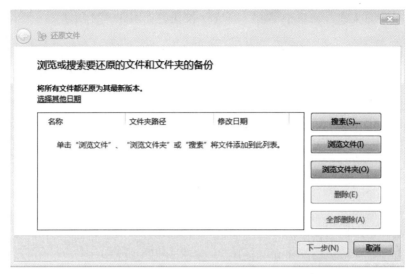

图 3-121　"还原文件"窗口

（5）选择欲还原的文件，如 file1.txt，然后单击"添加文件"按钮。在弹出的窗口中单击"下一步"按钮，如图 3-122 所示。

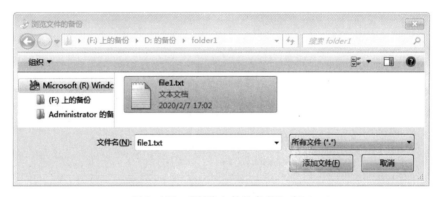

图 3-122　"浏览文件的备份"窗口

（6）单击选中"在原始位置"单选按钮，或单击选中"在以下位置"单选按钮，并在其下方的文本框中输入其他磁盘的位置，再单击"还原"按钮，如图 3-123 所示。

图 3-123　选择还原文件的位置

（7）在"还原文件"窗口中单击"完成"按钮，如图 3-124 所示。

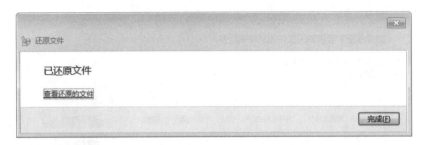

图 3-124 文件还原"完成"窗口

7. 创建系统映像。

（1）单击开始图标，再单击"控制面板"选项。

（2）单击控制面板中的"备份和还原"，如图 3-125 所示。

图 3-125 "控制面板"对话框

（3）单击图 3-126 所示对话框左侧的"创建系统映像"。

（4）选择保存映像文件的磁盘，然后单击"下一步"按钮，如图 3-127 所示。

（5）选择需要备份的驱动器，然后单击"下一步"按钮，如图 3-128 所示。

（6）确认备份设置，单击"开始备份"按钮即可，如图 3-129 所示。

四、课后练习与思考

1. 为什么需要设置计算机自动与 Internet 时间服务器同步？

2. 开启计算机网络发现功能的主要作用是什么？

3. 为什么需要设置文件同步？在不需要同步时如何取消同步？

4. 日常生活中如何做好文件的备份工作？

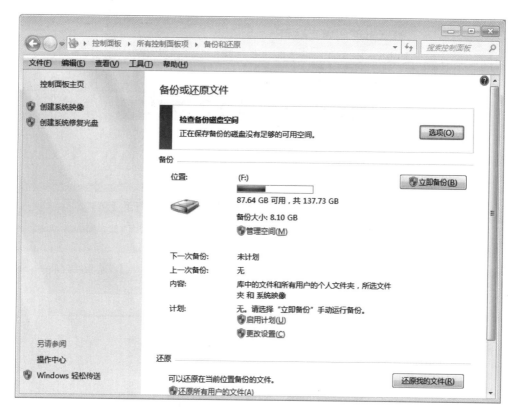

图 3-126　"备份和还原"对话框

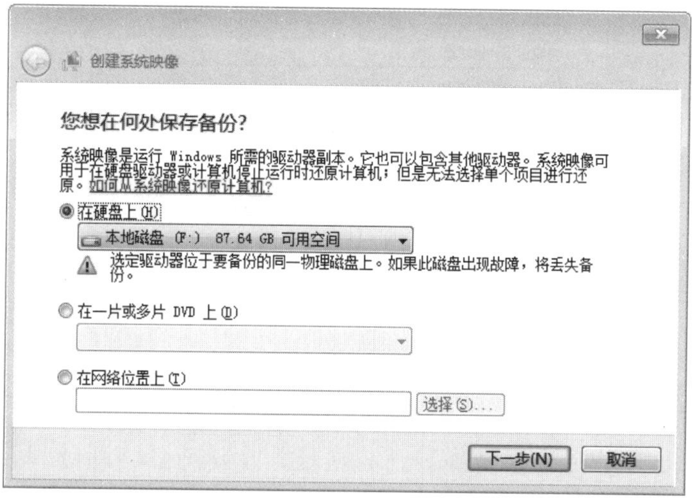

图 3-127　"创建系统映像"窗口

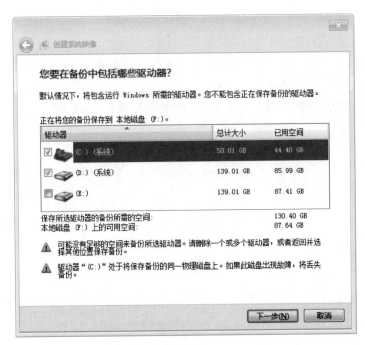

图 3-128　选择需备份的驱动器

图 3-129　"创建系统映像"窗口

第 4 章　Microsoft Word 2016

实验 1　文档的新建与保存

一、实验目的

Microsoft Word 是目前最流行的字处理软件之一，Word 中提供了类型丰富的模板供用户选择使用。使用模板可以快速创建出外观精美、格式专业的文档，对于不熟悉 Word 的使用者而言，模板的使用能够有效减轻工作负担。

而且 Office 2016 已将 Microsoft Office Online 上的模板嵌入应用软件中，这样在新建文档时就可快速浏览并选择适用的在线模板使用。

完成对一个文档的新建并输入相应的内容后，往往需要随时对文档进行保存，以保留工作成果。

本案例要求制作一份个人简介，个人简介中包含文字、图片、文本框等诸多元素。本案例介绍最基本的 Word 排版功能，通过创建个人简介，有助于掌握 Word 的基本操作，如输入文字、文字的格式化、控制页面布局，了解图形和表格的应用等基本排版操作。

二、实验任务

1. 使用个人简历模板（联机模板）。
2. 按照样文实现文本的输入与编辑。
3. 掌握设置文档的定时自动保存方法。
4. 参考样文为文档插入日期时间并实现自动更新。
5. 掌握设置文档的保存密码方法。

样文如图 4-1 所示。

图 4-1　简历样文

三、实验步骤

1. 新建空白文档。

启动 Word 2016，系统将自动新建一个名为"文档 1"的空白文档。

2. 新建基于模板的文档。

（1）选择"文件"→"新建"菜单命令，在"搜索联机模板"文本框中输入"简历"，查询简历模板样式。

（2）在查询的结果中选择与样文格式类似的"个人简历"模板，在弹出的界面中单击"创建"或"下载"，创建模板文档。

3. 输入普通文本。

（1）在新建的"个人简历"文档中将鼠标光标移到要输入文字的位置，这里移到"个人信息"中的"姓名（Name）："后，输入文本"永爱国"。

（2）使用相同的方法，为个人简历中的其余项输入相应的文本内容。

（3）选择"个人简历"文档中的示例图片，右击鼠标，在弹出的快捷菜单中选择"更改图片"选项，打开"插入图片"对话框，为"个人简历"文档设置合适的个人肖像。

4. 输入日期和时间。

（1）将光标定位至文档结尾处，输入"日期："文本，在"插入"→"文本"组中单击"日期与时间"选项，打开"日期和时间"对话框，并勾选"自动更新"前的复选框。

（2）在"日期与时间"对话框的"语言/（国家/地区）"下拉列表中选择所需的语言，这里保持默认设置，然后在"可用格式"列表框中选择"2021 年 3 月 30 日"选项，单击"确定"按钮。

5. 输入符号。

（1）在文档中的"个人信息"的"姓名"文本前单击定位文本插入点，然后在"插入"→"符号"组中单击"符号"选项，在弹出的下拉列表中选择"其他符号"选项。

（2）打开"符号"对话框，在"字体"下拉列表框中选择"微软雅黑"字体，接着在"子集"下拉列表框中选择字符样式"基本拉丁语"，即可在下方的下拉列表框中选择需要的符号；或者在"字符代码"文本框中输入需要符号的代码，这里输入"FFED"，然后单击"插入"按钮插入该符号到文档文本的插入点位置。

6. 保存文档。

（1）选择"文件"→"另存为"选项，打开"另存为"对话框，选择保存路径，然后在"文件名"下拉列表框中输入文档名称"个人简历"，完成后单击"保存"按钮。

（2）在 Word 工作界面的标题栏上即可看到文档名发生了变化，另外，在计算机中相应的位置也可找到保存的文件。

7. 文档的定时保存。

选择"文件"→"选项"命令，启动"Word 选项"窗口，选择"保存"，在保存文档组合框中设置"保存自动恢复信息时间间隔"为"5 分钟"。

8. 保护文档。

（1）选择"文件"→"信息"命令，在中间单击"保护文档"，在弹出的下拉列表中选择"用密码进行加密"选项。打开"加密文档"窗口，在"密码"文本框中输入密码"123456"，然后单击"确定"按钮；打开"确认密码"窗口，在文本框中重复输入密码"123456"，然后单击"确定"按钮。

（2）返回工作界面，在快速访问工具栏中单击"保存"按钮保存设置。关闭该文档，再次打开时将打开"密码"窗口，在文本框中输入密码"123456"并单击"确定"按钮即可打开该文档。

四、课外练习

选择一个合适的在线模板创建一份生日聚会邀请函。

实验 2　文档的格式设置

一、实验目的

通过使用 Microsoft Word 的字体、字号、字形、颜色等字体格式和段落对齐、缩进、段落间距等段落格式的设置，可以使单调乏味的文档变得醒目美观。

段落是指以特定符号作为结束标记的一段文本，用于标记段落的符号是不可打印的字符。在编排整篇文档时，合理的段落格式设置，可以使文档内容层次分明、结构合理，便于用户阅读。

在文档中使用项目符号和编号，可以使文档条理清晰，便于阅读。一般情况下，项目符号可以是图形或图像，而编号是有顺序的数字或字母。

边框和底纹是一种美化文档的重要方式。为了使文档更清晰、更漂亮，可以在文档的周围设置各种边框，并且可以使用不同的颜色来填充。

水印效果用于在文档内容的底层显示虚影效果。通常情况下，当文档有保密、版权保护等特殊要求时，可以添加水印效果。水印效果可以是文字，也可以是图片。

本案例要求制作一份实验室管理制度文档，有助于掌握 Word 的基本操作，如控制页面布局；文本、段落的格式设置；项目编号与符号的设置；边框底纹与水印的设置等。

二、实验任务

1. 掌握页面设置的方法。
2. 掌握字体段落格式的设置方法。
3. 掌握项目编号和符号的设置方法。
4. 掌握边框底纹的设置方法。
5. 掌握水印的设置方法。

实现如图 4-2 所示的样文文档。

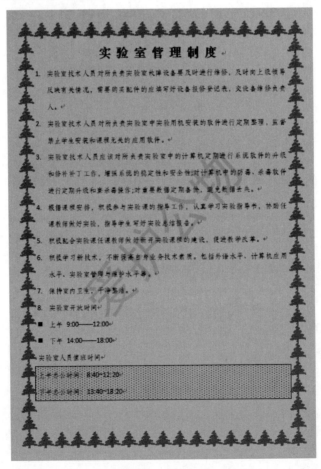

图 4-2　样文文档

三、实验步骤

1. 页面格式设置。

新建一个 Word 文档，将其命名为"实验室管理制度.docx"，并输入样文文本内容，利用"布局"选项卡中"页面设置"组中的"纸张大小"选项，设置纸张大小为"A4"，利用"页边距"→"自定义边距"选项，设置文档页边距上、下、左、右均为 2 厘米。

2. 设置字体格式。

（1）选中标题"实验室管理制度"，利用"开始"选项卡，打开"字体"窗口，在窗口的"字体"选项卡中设置标题字体为"华文中宋"；设置字形为"加粗"；设置字号为"小一"。切换窗口选项卡为"高级"，在"高级"选项卡中，将"字符间距"组合框中的"间距"格式设置为"加宽"，"磅值"设置为"4 磅"。

（2）选中所有的正文文本，利用"开始"选项卡，在"字体"组中，设置正文字体为"华文仿宋"，设置字号为"四号"，其余选项保持默认值。

3. 设置段落格式。

（1）选中标题"实验室管理制度"所在段落，利用"开始"选项卡，在"段落"组中选择"居中"命令，设置段落格式为"居中"。

（2）选中文档中的正文段落，利用"开始"选项卡，启动"段落"组中的"段落"窗口。在"缩进和间距"选项卡的"缩进"组合框中设置"特殊"为"悬挂"，"缩进值"为"2 字符"，其余选项保持默认值。

（3）选中整篇文档，利用"开始"选项卡，在"段落"组中选择"行和段落间距"命令，设置行间距为"1.15 倍"行距。

4. 添加项目符号和编号。

（1）参考样文格式选中需要添加编号的文本，利用"开始"选项卡，在"段落"组中选择"编号"命令，为文档中对应文本插入合适编号。

（2）参考样文格式选中需要添加项目符号的文本，利用"开始"选项卡，在"段落"组中选择"项目符号"命令，在对应文本前插入"方形"符号。

5. 添加边框和底纹。

（1）参考样文格式，利用"开始"选项卡，在"段落"组中选择"边框"命令，为对应段落添加"外侧框线"。

（2）参考样文格式，利用"设计"选项卡，在"页面背景"组中单击"页面边框"按钮，启动"边框和底纹"窗口，切换到"底纹"选项卡，设置"填充"为"绿色，个性色 64，淡色 60%"，"图案"→"样式"为"10%"。

（3）参考样文格式，利用"设计"选项卡，在"页面背景"组中单击"页面颜色"按钮，设置"主题颜色"为"绿色，个性色 6，淡色 40%"。

（4）参考样文格式，单击"设计"选项卡，在"页面背景"组中单击"页面边框"按钮，选"设置：方框"，设置"艺术型"边框。如图 4-3 所示。

6. 添加水印。

利用"设计"选项卡，在"页面背景"组中单击"水印"按钮，选择"自定义水印"选项，启动"水印"窗口，设置"文字水印"如图 4-4 所示。

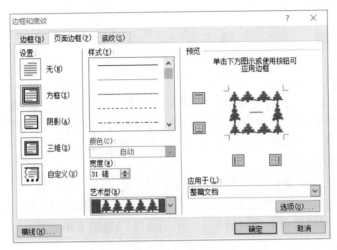

图 4-3　边框和底纹设置

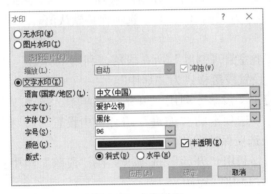

图 4-4　水印设置

7. 取消页眉框线。

在文档页眉位置双击鼠标，进入页眉编辑状态，利用"开始"选项卡，在"段落"组中单击"边框"按钮，选择"边框和底纹"选项，启动"边框和底纹"窗口，在窗口中设置取消"下框线"并应用于"段落"。如图 4-5 所示。

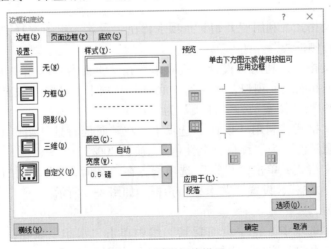

图 4-5　页眉框线设置

四、课外练习

×××市卫生局和教育局联合发布《关于举办×××市学校及托幼机构疾病预防相关知识培训班的通知》的公文如图 4-6 所示，请根据提供的公文样文制作公文文档。

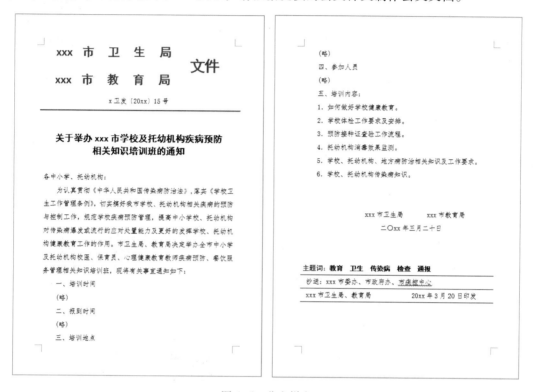

图 4-6 公文样文

实验 3 图像、图形与艺术字的混合应用

一、实验目的

在 Word 文档中设置适当的页面背景，插入适当的图形、图像、图表、文本框和艺术字等对象，可以使文档的表现力更加丰富、形象。恰当的格式设置和图文表混排有助于美化文档，增强信息传递力度，帮助读者轻松自如地阅读文档。

图文混排是 Word 的重要功能之一，在很多题材的文档中都会应用到图像、艺术字等元素。

本案例通过制作一份成都理工大学博物馆宣传页，着重说明图像、图形、SmartArt 和艺术字在 Word 中的应用方式。

微视频 4-1：
Word 图文混排

二、实验任务

1. 设置页面背景。
2. 为文档设置合适的字体、字号、颜色。
3. 为文档设置合适的项目编号和符号。
4. 掌握图像的插入，环绕方式和样式设置的方法。
5. 利用画布实现图形图像的组合。
6. 掌握艺术字的插入和样式设置的方法。
7. 掌握 SmartArt 图形的插入和样式设置的方法。

样文如图 4-7 所示。

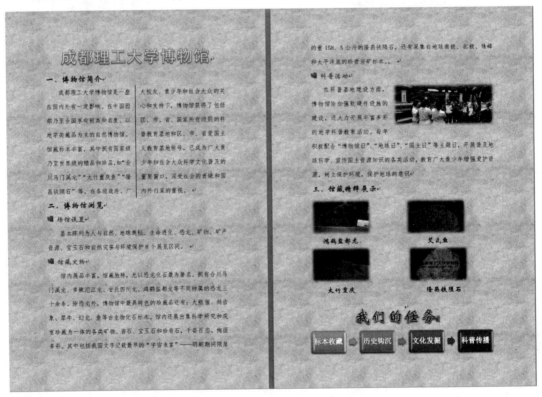

图 4-7　图文混排样文

三、实验步骤

1. 页面背景设置。

利用"设计"选项卡，在"页面背景"组中单击"页面颜色"按钮，选择"填充效果"选项，打开"填充效果"窗口，选择"纹理"选项卡，设置文档的填充效果为"信纸"。

2. 文字格式设置。

（1）参考样文样式，设置标题文字"成都理工大学博物馆"字体："黑体"，字号："小初"，对齐方式："居中对齐"。利用"开始"选项卡，在"字体"组中选择"文本效果和版式"命令，设置标题文字文本效果为样文相应的填充效果。

（2）参考样文样式，选中所有需要设置编号的文字"博物馆简介""博物馆浏览"和"馆藏精粹展示"，设置字体："华文新魏"，字号：小二。并利用"开始"选项卡，在"段落"组中选择"编号"命令，设置相应的编号格式。

（3）参考样文样式，选中所有需要设置项目符号的文字"场馆设置""馆藏文物"和"科普活动"，设置字体："华文新魏"，字号：三号；颜色：标准色"红色"。并利用"开始"选项卡，在"段落"组中选择"项目符号"命令，设置相应的项目符号。如果项目符号库中没有合适的项目符号，可以利用"定义新项目符号"命令启动"定义新项目符号"对话框，如图 4-8 所示，选择新的符号或图片。

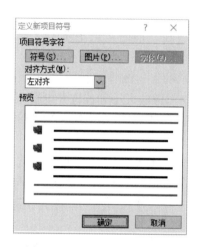

图 4-8　选择或定义项目符号

（4）设置剩余正文文字，设置字体：仿宋，字号：四号，利用"开始"选项卡，在"段落"组中启动"段落"窗口。在"缩进和间距"选项卡中，设置"缩进"组合框中的"特殊"为"首行"，"缩进值"为"2 字符"。

3. 分栏的设置。

利用"布局"选项卡，在"页面设置"组中单击"栏"按钮，将文档第一段设置为两栏，并添加"分隔线"，如图 4-9 所示。

4. 图像文字环绕方式设置。

（1）利用"插入"选项卡，在"插图"组中单击"图片"按钮，插入素材文件"科普活动.jpg"。

（2）利用"图片工具→格式"选项卡，在"排列"组中设置图像文字环绕方向为"四周型"。

（3）利用"图片工具→格式"选项卡在"图片样式"组中将图像样式设置为"柔化边缘矩形"。

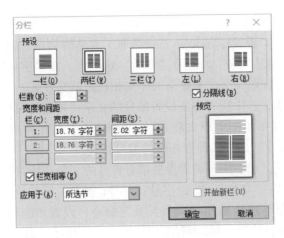

图 4-9   分栏设置

5. 画布的使用。

（1）利用"插入"选项卡，在"插图"组中单击"形状"按钮，选择"新建画布"选项，绘制合适大小的画布。

（2）在画布中插入样文所示的素材图像，利用"图片工具→格式"选项卡，在"大小"组中，参考样文，设置素材图像的大小和位置并设置图像样式为"柔化边缘矩形"。

（3）利用"插入"选项卡，在"插图"组中单击"形状"按钮，插入 4 个"矩形"形状。

（4）利用"绘图工具→格式"选项卡，在"形状样式"组中分别单击"形状填充"和"形状轮廓"按钮，设置 4 个"矩形"形状为"无填充颜色"和"无轮廓"。

（5）在 4 个"矩形"形状中输入样文所示的图像名称，并移动到合适的位置。

6. 艺术字的设置。

（1）利用"插入"选项卡"文本"组中"艺术字"命令，插入艺术字"我们的任务"。

（2）设置艺术字字体为"华文行楷"，字号为"小初"，颜色为标准色"红色"。

（3）设置艺术字文字环绕方向为"四周型环绕"。

7. SmartArt 图形的设置。

（1）利用"插入"选项卡，在"插图"组中单击"SmartArt"按钮，启动"选择SmartArt 图形"窗口，插入"流程"→"基本流程"形状。

（2）设置 SmartArt 图形文字环绕方向为"四周型"。

（3）利用"SmartArt 工具→设计"选项卡，在"创建图形"组中单击"添加形状"按钮，为 SmartArt 图形添加一个形状。

（4）按样文要求，为 SmartArt 图形输入相应的文字。

（5）利用"SmartArt 工具→设计"选项卡，在"SmartArt 样式"组中，为 SmartArt 图形设置样文所示的"颜色"和"样式"。

四、课外练习

请利用 Word 设计一张图文并茂的生日贺卡。

实验 4　样式和目录的应用

一、实验目的

制作专业的文档除了使用常规的页面内容和美化操作外，还需要注重文档的结构以及排版方式。

样式是指一组已经命名的字符和段落格式，它规定了文档中标题、正文以及要点等各个文本元素的格式。在文档中可以将一种样式应用于某个选定的段落或字符，以使所选定的段落或字符具有这种样式所定义的格式。

通过在文档中使用样式，可以迅速、轻松地统一文档的格式；辅助构建文档大纲以使内容更有条理；简化格式的编辑和修改操作等，并且借助样式还可以自动生成文档目录。

目录是长篇幅文档不可缺少的一项内容，它列出了文档中各级标题及其所在的页码，便于文档阅读者快速检索、查阅到相关内容。自动生成目录时，最重要的准备工作是为文档的各级标题应用样式，最好是内置的标题样式。

本案例要求完成一份毕业论文样式和目录的设置。

二、实验任务

微视频 4-2:
Word 样式和目录

1. 标题样式的设置。

（1）论文一级标题：黑体，小二，加粗，文本居中对齐，段前间距 0.5 行，段后间距 0 行，其余设置默认，文档章号为一级标题。

（2）论文二级标题：黑体，小三，加粗，文本左对齐，段前间距 0.5 行，段后间距 0.5 行，其余设置默认，文档节号为二级标题。

（3）论文三级标题：仿宋，四号，加粗，文本左对齐，段前间距 0.5 行，段后间距 0.5 行，其余设置默认，文档章小节号为三级标题。

（4）结论、致谢和参考文献都单独作为一章，但不加章号，作为一级标题。

2. 正文格式的应用。

正文设置首行缩进 2 个字符，中文：宋体小四号，西文：Times New Roman，1.25 倍行距，字符间距为默认值（缩放 100%，间距：标准）。

3. 使用多级列表为文档的标题实现自动编号。

4. 掌握导航视窗的应用方法。

5. 目录生成及目录格式化。

（1）在中文摘要和正文之间生成目录，目录样式为"自动目录 1"。

（2）目录标题："目录"两字的格式为黑体、二号、加粗、居中。

（3）目录内容设置为默认格式。

样章如图 4-10~图 4-12 所示。

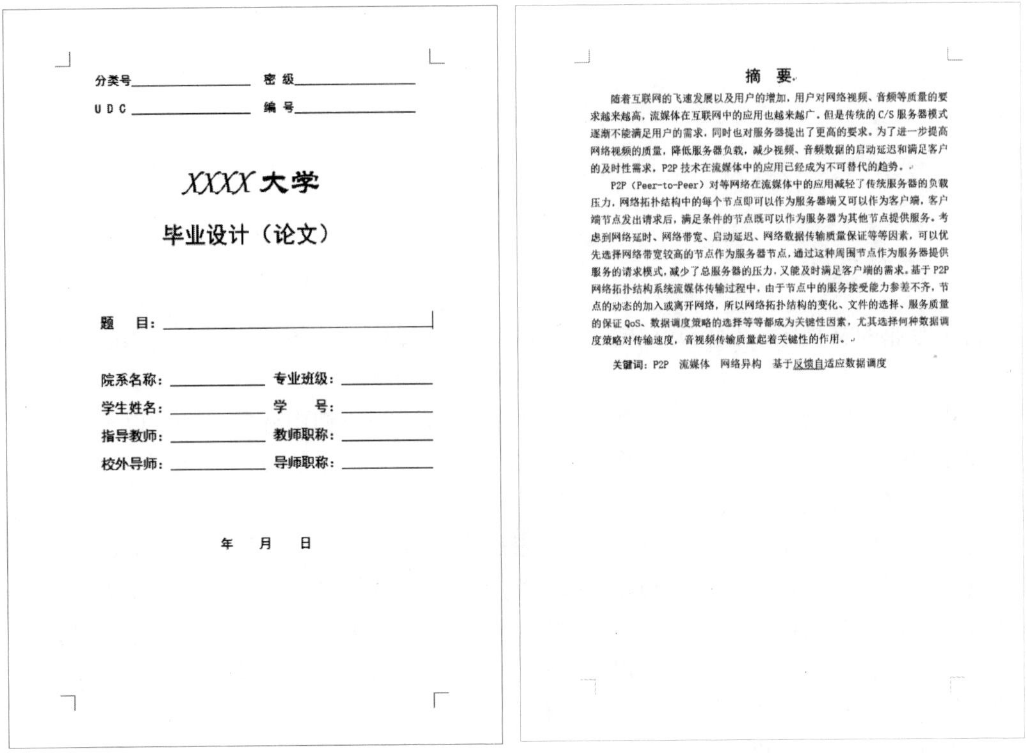

分类号________ 密 级________
UDC________ 编 号________

XXXX 大学

毕业设计（论文）

题 目：________

院系名称：________ 专业班级：________
学生姓名：________ 学 号：________
指导教师：________ 教师职称：________
校外导师：________ 导师职称：________

年 月 日

摘 要

随着互联网的飞速发展以及用户的增加，用户对网络视频、音频等质量的要求越来越高，流媒体在互联网中的应用也越来越广。但是传统的 C/S 服务器模式逐渐不能满足用户的需求，同时也对服务器提出了更高的要求。为了进一步提高网络视频的质量，降低服务器负载，减少视频、音频数据的启动延迟和满足客户的及时性需求，P2P 技术在流媒体中的应用已经成为不可替代的趋势。

P2P（Peer-to-Peer）对等网络在流媒体中的应用减轻了传统服务器的负载压力，网络拓扑结构中的每个节点即可以作为服务器端又可以作为客户端，客户端节点发出请求后，满足条件的节点既可以作为服务器为其他节点提供服务。考虑到网络延时、网络带宽、启动延迟、网络数据传输质量保证等等因素，可以优先选择网络带宽较高的节点作为服务器节点，通过这种周围节点作为服务器提供服务的请求模式，减少了总服务器的压力，又能及时满足客户端的需求。基于 P2P 网络拓扑结构系统流媒体传输过程中，由于节点中的服务接受能力参差不齐，节点的动态的加入或离开网络，所以网络拓扑结构的变化、文件的选择、服务质量的保证 QoS、数据调度策略的选择等等都成为关键性因素，尤其选择何种数据调度策略对传输速度，音视频传输质量起着关键性的作用。

关键词：P2P 流媒体 网络异构 基于反馈自适应数据调度

图 4-10 封面与摘要

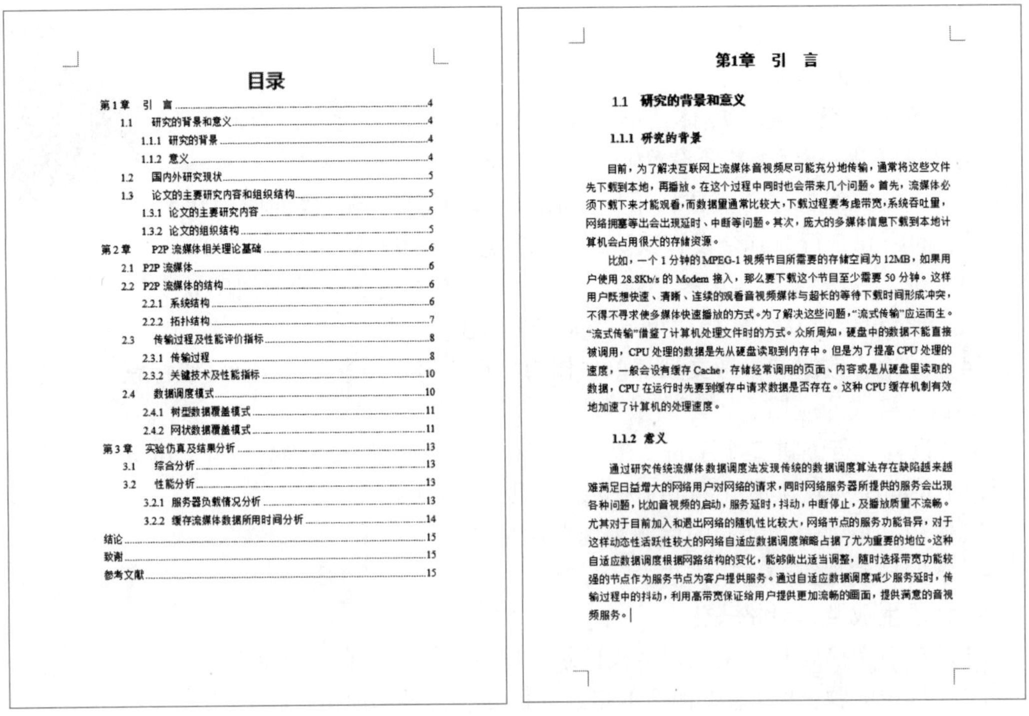

目录

第 1 章 引 言	4
1.1 研究的背景和意义	4
1.1.1 研究的背景	4
1.1.2 意义	4
1.2 国内外研究现状	5
1.3 论文的主要研究内容和组织结构	5
1.3.1 论文的主要研究内容	5
1.3.2 论文的组织结构	5
第 2 章 P2P 流媒体相关理论基础	6
2.1 P2P 流媒体	6
2.2 P2P 流媒体的结构	6
2.2.1 系统结构	6
2.2.2 拓扑结构	7
2.3 传输过程及性能评价指标	8
2.3.1 传输过程	8
2.3.2 关键技术及性能指标	10
2.4 数据调度模式	10
2.4.1 树型数据覆盖模式	11
2.4.2 网状数据覆盖模式	11
第 3 章 实验仿真及结果分析	13
3.1 综合分析	13
3.2 性能分析	13
3.2.1 服务器负载情况分析	13
3.2.2 缓存流媒体数据所用时间分析	14
结论	15
致谢	15
参考文献	15

第1章 引 言

1.1 研究的背景和意义

1.1.1 研究的背景

目前，为了解决互联网上流媒体音视频尽可能充分地传输，通常将这些文件先下载到本地，再播放。在这个过程中同时也会带来几个问题。首先，流媒体必须下载下来才能观看，而数据量通常比较大，下载过程要考虑带宽，系统吞吐量，网络拥塞等出会出现延时、中断等问题。其次，庞大的多媒体信息下载到本地计算机会占用很大的存储资源。

比如，一个 1 分钟的 MPEG-1 视频节目所需要的存储空间为 12MB，如果用户使用 28.8Kb/s 的 Modem 接入，那么要下载这个节目至少需要 50 分钟。这样用户既想快速、清晰、连续的观看音视频媒体与超长的等待下载时间形成冲突，不得不寻求使多媒体快速播放的方式。为了解决这些问题，“流式传输”应运而生。“流式传输”借鉴了计算机处理文件时的方式。众所周知，硬盘中的数据不能直接被调用，CPU 处理的数据是先从硬盘读取到内存中。但是为了提高 CPU 处理的速度，一般会设有缓存 Cache，存储经常调用的页面、内容或是从硬盘里读取的数据，CPU 在运行时先要到缓存中请求数据是否存在。这种 CPU 缓存机制有效地加速了计算机的处理速度。

1.1.2 意义

通过研究传统流媒体数据调度法发现传统的数据调度算法存在缺陷越来越难满足日益增大的网络用户对网络的请求，同时网络服务器所提供的服务会出现各种问题，比如音视频的启动，服务延时，抖动，中断停止，及播放质量不流畅。尤其对于目前加入和退出网络的随机性比较大，网络节点的服务功能各异，对于这样动态性活跃性较大的网络自适应数据调度策略占据了尤为重要的地位。这种自适应数据调度根据网路结构的变化，能够做出适当调整，随时选择带宽功能较强的节点作为服务节点为客户提供服务。通过自适应数据调度减少服务延时，传输过程中的抖动，利用高带宽保证给用户提供更加流畅的画面，提供满意的音视频服务。

图 4-11 目录与正文

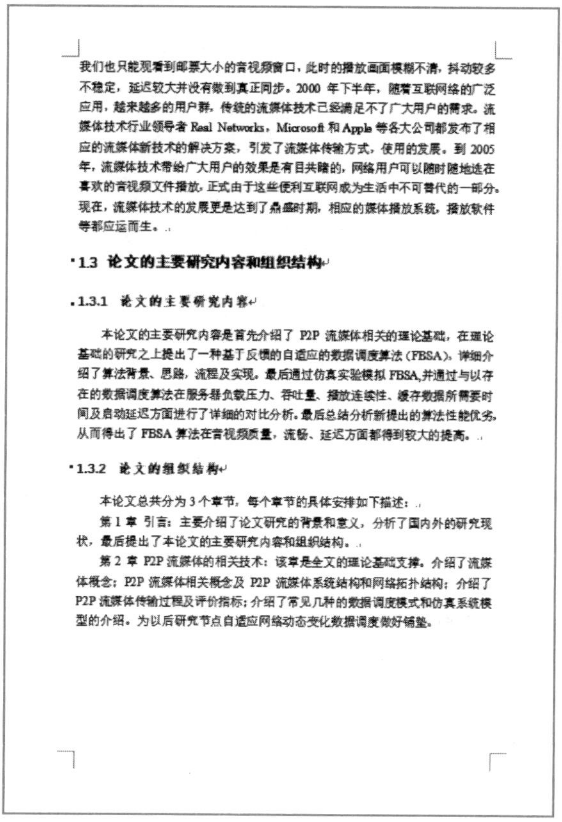

图 4-12 正文

三、实验步骤

1. 设置封面和摘要格式。

参考样文样式，使用"毕业论文素材文件"，按如图 4-13 所示要求设置封面，按如图 4-14 所示要求设置摘要。

2. 标题样式和正文样式的设置。

（1）利用"开始"选项卡，单击"样式"组右下角的按钮，打开"样式"列表，单击列表中"标题 1"右侧的按钮，选择"修改"选项，打开"修改样式"窗口，如图 4-15 所示。

（2）单击"修改样式"窗口左下角的"格式"按钮，启动"段落"窗口，参考实验任务要求，继续完成"标题 1"的样式设置，如图 4-16 所示。

（3）利用同样的方法，设置"标题 2"和"标题 3"的样式。

3. 正文样式的设置。

选择所有正文，按实验任务要求完成正文样式的设置。

4. 文本选择。

（1）利用"开始"选项卡，在"编辑"组中选择"选定所有格式类似的文本"选项，选择所有章标题文本，并设置"标题 1"样式。

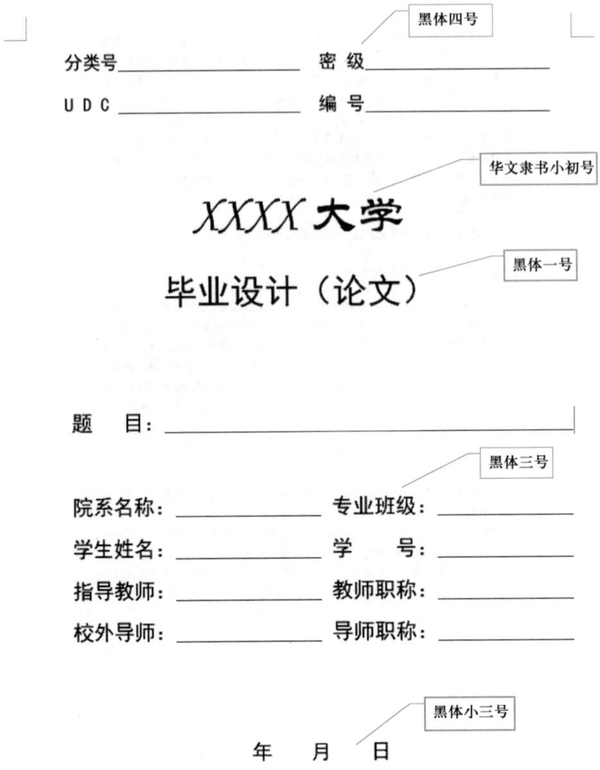

黑体四号

分类号＿＿＿＿＿＿＿＿ 密 级＿＿＿＿＿＿＿＿

U D C ＿＿＿＿＿＿＿＿ 编 号＿＿＿＿＿＿＿＿

华文隶书小初号

XXXX 大学

黑体一号

毕业设计（论文）

题　目：＿＿＿＿＿＿＿＿＿＿＿＿＿

黑体三号

院系名称：＿＿＿＿＿＿＿ 专业班级：＿＿＿＿＿＿＿

学生姓名：＿＿＿＿＿＿＿ 学　号：＿＿＿＿＿＿＿

指导教师：＿＿＿＿＿＿＿ 教师职称：＿＿＿＿＿＿＿

校外导师：＿＿＿＿＿＿＿ 导师职称：＿＿＿＿＿＿＿

黑体小三号

年　月　日

图 4-13　封面要求

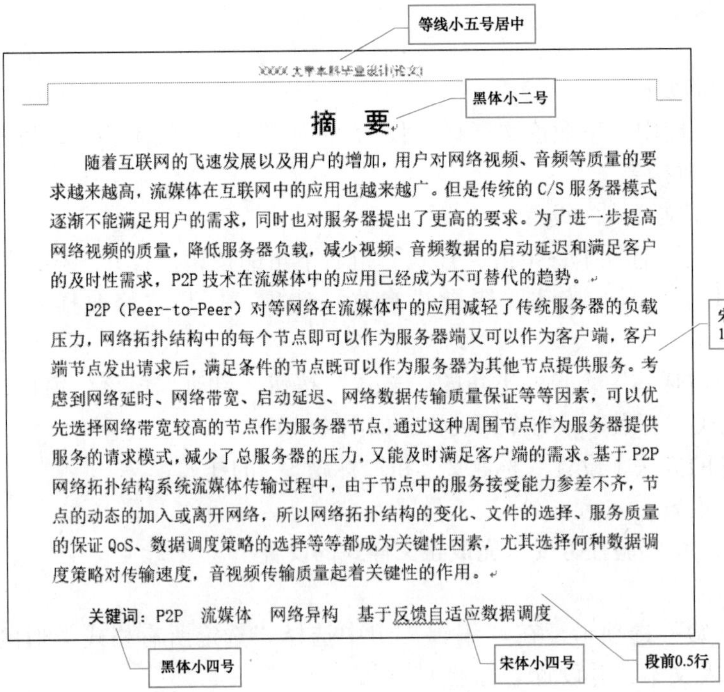

等线小五号居中

XXXX 大学本科毕业设计(论文)

黑体小二号

摘　要

　　随着互联网的飞速发展以及用户的增加，用户对网络视频、音频等质量的要求越来越高，流媒体在互联网中的应用也越来越广。但是传统的 C/S 服务器模式逐渐不能满足用户的需求，同时也对服务器提出了更高的要求。为了进一步提高网络视频的质量，降低服务器负载，减少视频、音频数据的启动延迟和满足客户的及时性需求，P2P 技术在流媒体中的应用已经成为不可替代的趋势。

宋体小四号
1.25倍行距

　　P2P（Peer-to-Peer）对等网络在流媒体中的应用减轻了传统服务器的负载压力，网络拓扑结构中的每个节点即可以作为服务器端又可以作为客户端，客户端节点发出请求后，满足条件的节点既可以作为服务器为其他节点提供服务。考虑到网络延时、网络带宽、启动延迟、网络数据传输质量保证等等因素，可以优先选择网络带宽较高的节点作为服务器节点，通过这种周围节点作为服务器提供服务的请求模式，减少了总服务器的压力，又能及时满足客户端的需求。基于 P2P 网络拓扑结构系统流媒体传输过程中，由于节点中的服务接受能力参差不齐，节点的动态的加入或离开网络，所以网络拓扑结构的变化、文件的选择、服务质量的保证 QoS、数据调度策略的选择等等都成为关键性因素，尤其选择何种数据调度策略对传输速度，音视频传输质量起着关键性的作用。

关键词：P2P　流媒体　网络异构　基于反馈自适应数据调度

黑体小四号　　　　　　　宋体小四号　　段前0.5行

图 4-14　摘要设置

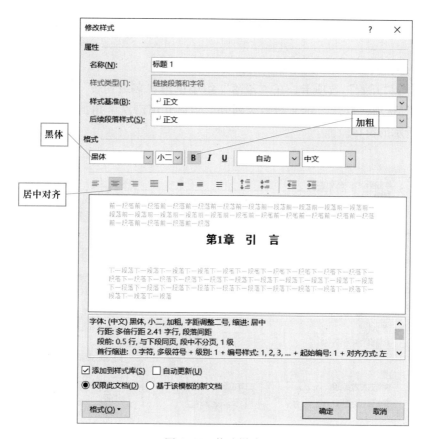

图 4-15　修改样式

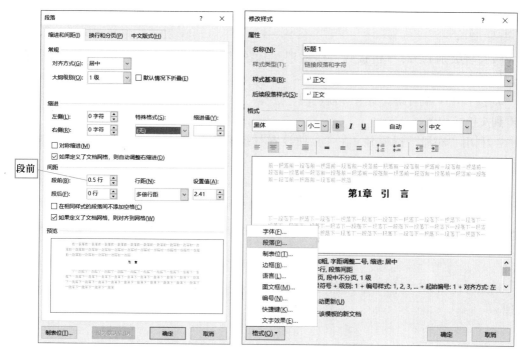

图 4-16　标题 1 的样式设置

（2）利用同样的方法，为所有节标题设置"标题2"样式；为所有小节标题设置"标题3"样式。

5. 使用多级列表为文档的标题实现自动编号。

（1）利用"开始"选项卡，在"段落"组中单击"多级列表"按钮，选择"定义新的多级列表"选项，打开"定义新多级列表"窗口并单击左下角的"更多"按钮，打开如图 4-17 所示的窗口。

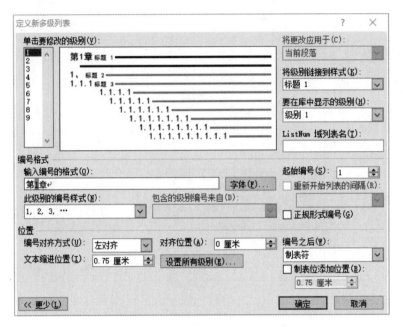

图 4-17 多级列表及对应样式

（2）将级别1，2，3链接到"标题1""标题2"和"标题3"样式，并设置对应的格式，如图 4-17 所示。

6. 按 Ctrl+F 组合键，打开导航视图，选择"标题"，在文档窗口左边的导航视图中就会看到文档结构图。

7. 利用"布局"选项卡，在"页面设置"组中单击"分隔符"或"分页符"按钮，按照实验任务要求在中文摘要和正文之间插入一页空白页。

8. 利用"引用"选项卡，在"目录"组中单击"目录"按钮，选择"自动目录1"选项，按照实验任务要求为文档插入目录并设置对应格式。

四、课外练习

请思考在 Word 文档中如何新建样式，在不同 Word 文档间如何实现样式的复制和管理。

实验 5　分节与页眉、页脚和页码的设置

一、实验目的

制作专业的文档除了使用常规的页面内容和美化操作外，还需要注重文档的结构以及排版方式。

分隔符的使用，可以使文档的版面更加多样化，布局更加合理有效。

页眉和页脚是文档中每个页面的顶部、底部和两侧页边距中的区域。在页眉和页脚中可以插入文本、图形图像以及文档部件，例如，页码、时间和日期、产品商标、文档标题、文件名、文档路径和作者姓名等。

文档部件实际上就是对某一段指定文档内容（文本、图片、表格、段落等文档对象）的封装手段，也可以单纯地将其理解为对这段文档内容的保存和重复使用，这为在文档中共享已有的设计或内容提供了高效手段。文档部件包括自动图文集、文档属性（如标题和作者）以及域等。域是一组能够嵌入文档中的指令代码，其在文档中体现为数据的占位符。域可以提供自动更新的信息，如时间、标题、页码等。在文档中使用特定命令时，如插入页码、插入封面等文档构建基块（用于存储具有固定格式且经常使用的对象，如文本、图形、表格或其他特定对象）时或者创建目录时，Word 会自动插入域。必要时，还可以手动插入域，以自动处理文档外观。例如，当需要在一个包含多个章节的长文档的页眉处自动插入每章的标题内容时，可以通过手动插入域来实现。

本案例要求完成一份毕业论文页眉、页脚和页码的设置。

二、实验任务

微视频 4-3：
Word 页眉与页脚

1. 分隔符的设置。

将文档不同的部分分为不同的节，并插入合适的分页符。其中，封面、摘要、目录、第 1 章、第 2 章、第 3 章分别为不同的节，结论、致谢、参考文献为一节。

2. 页眉页脚的设置。

（1）封面无页码和页眉，如图 4-18 所示。

（2）摘要无页码，有页眉，如图 4-19 所示。

（3）目录无页码和页眉，如图 4-20 所示。

（4）正文奇数页页眉内容为一级标题内容，要求使用插入域的方式实现奇数页页眉的插入，如图 4-21 和图 4-22 所示。

（5）正文偶数页页眉内容为"XXXX 大学本科毕业设计（论文）"，如图 4-23 所示。

（6）结论和致谢无页眉，如图 4-24 所示。

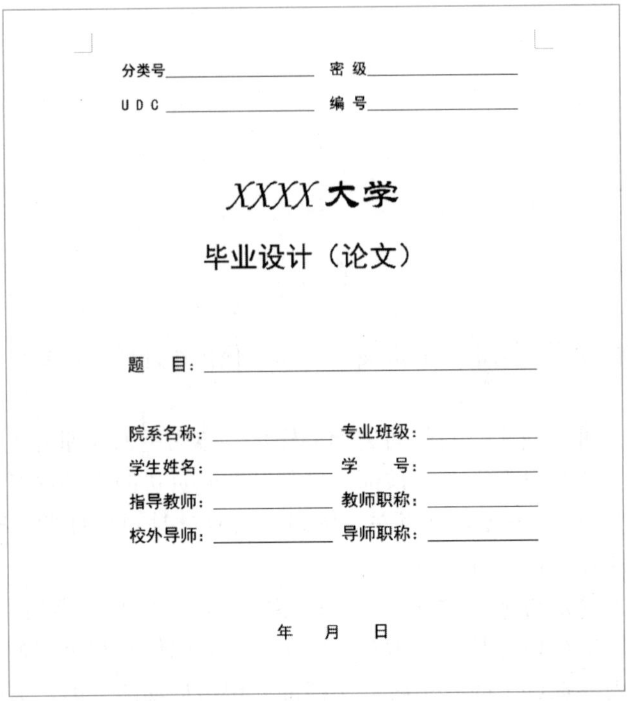

图 4-18 封面

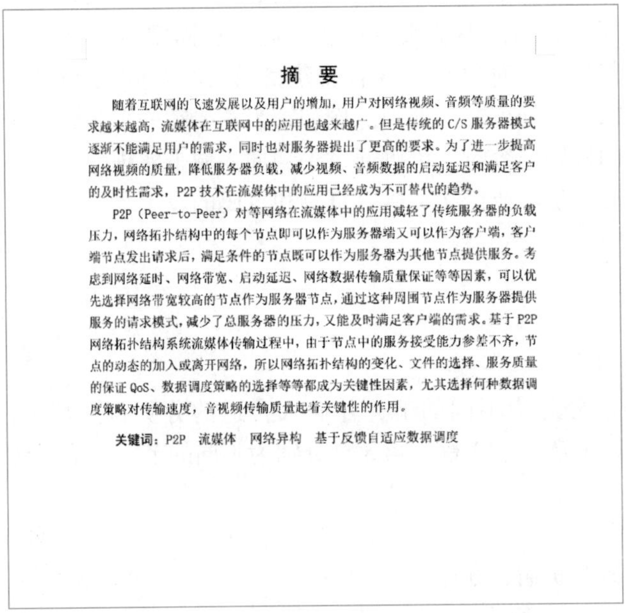

图 4-19 摘要

3. 页码的设置。

设置正确的页码格式,偶数页页码底端左对齐,奇数页页码底端右对齐。

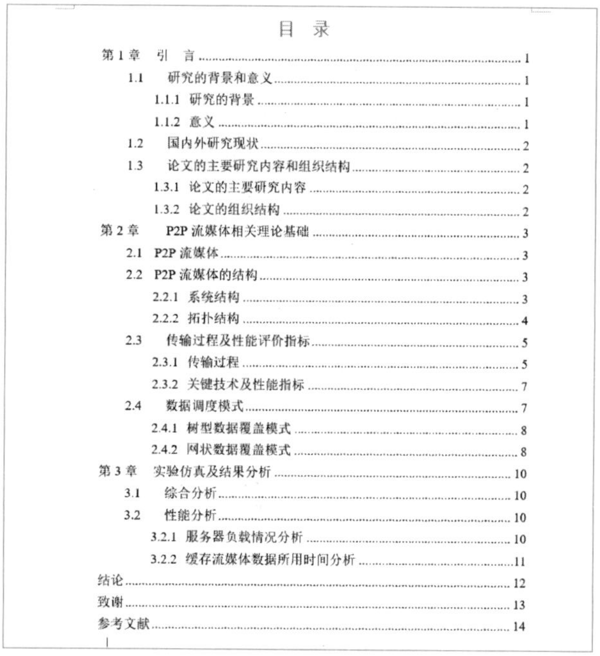

目　录

图 4-20　目录

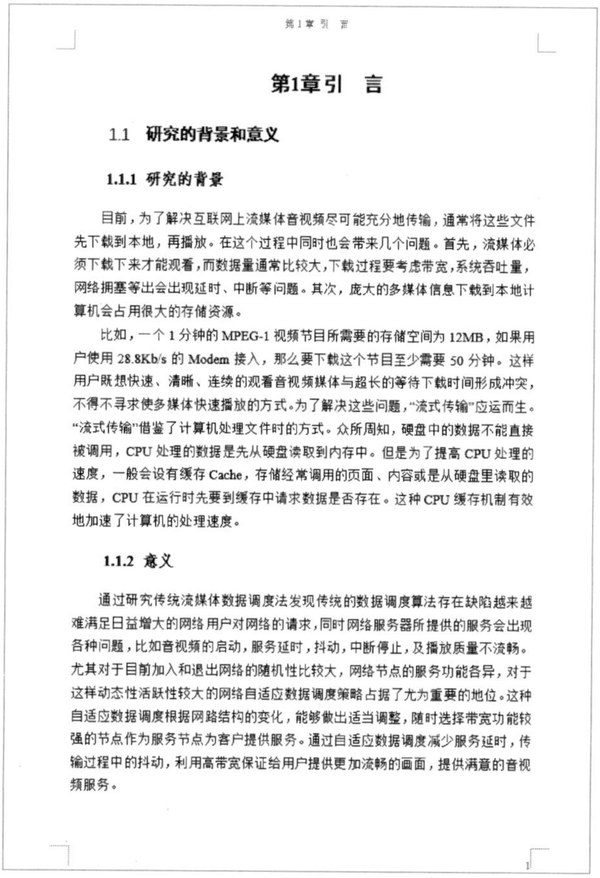

第1章引　言

1.1　研究的背景和意义

1.1.1　研究的背景

目前，为了解决互联网上流媒体音视频尽可能充分地传输，通常将这些文件先下载到本地，再播放。在这个过程中同时也会带来几个问题。首先，流媒体必须下载下来才能观看，而数据量通常比较大，下载过程要考虑带宽，系统吞吐量，网络拥塞等出会出现延时、中断等问题。其次，庞大的多媒体信息下载到本地计算机会占用很大的存储资源。

比如，一个 1 分钟的 MPEG-1 视频节目所需要的存储空间为 12MB，如果用户使用 28.8Kb/s 的 Modem 接入，那么要下载这个节目至少需要 50 分钟。这样用户既想快速、清晰、连续的观看音视频媒体与超长的等待下载时间形成冲突，不得不寻求使多媒体快速播放的方式。为了解决这些问题，"流式传输"应运而生。"流式传输"借鉴了计算机处理文件时的方式。众所周知，硬盘中的数据不能直接被调用，CPU 处理的数据是先从硬盘读取到内存中。但是为了提高 CPU 处理的速度，一般会设有缓存 Cache，存储经常调用的页面、内容或是从硬盘里读取的数据，CPU 在运行时先要到缓存中请求数据是否存在。这种 CPU 缓存机制有效地加速了计算机的处理速度。

1.1.2　意义

通过研究传统流媒体数据调度法发现传统的数据调度算法存在缺陷越来越难满足日益增大的网络用户对网络的请求，同时网络服务器所提供的服务会出现各种问题，比如音视频的启动，服务延时，抖动，中断停止，及播放质量不流畅。尤其对于目前加入和退出网络的随机性比较大，网络节点的服务功能各异，对于这样动态性活跃性较大的网络自适应数据调度策略占据了尤为重要的地位。这种自适应数据调度根据网路结构的变化，能够做出适当调整，随时选择带宽功能较强的节点作为服务节点为客户提供服务。通过自适应数据调度减少服务延时，传输过程中的抖动，利用高带宽保证给用户提供更加流畅的画面，提供满意的音视频服务。

图 4-21　正文首页

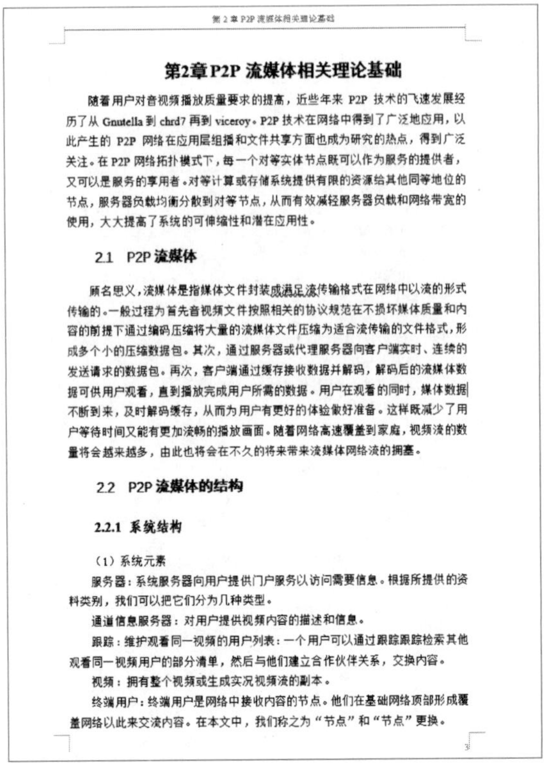

第 2 章 P2P 流媒体相关理论基础

第2章 P2P 流媒体相关理论基础

随着用户对音视频播放质量要求的提高，近些年来 P2P 技术的飞速发展经历了从 Gnutella 到 chrd7 再到 viceroy。P2P 技术在网络中得到了广泛地应用，以此产生的 P2P 网络在应用层组播和文件共享方面也成为研究的热点，得到广泛关注。在 P2P 网络拓扑模式下，每一个对等实体节点既可以作为服务的提供者，又可以是服务的享用者。对等计算或存储系统提供有限的资源给其他同等地位的节点，服务器负载均衡分散到对等节点，从而有效减轻服务器负载和网络带宽的使用，大大提高了系统的可伸缩性和潜在应用性。

2.1 P2P 流媒体

顾名思义，流媒体是指媒体文件封装成满足流传输格式在网络中以流的形式传输的。一般过程为首先音视频文件按照相关的协议规范在不损坏媒体质量和内容的前提下通过编码压缩将大量的流媒体文件压缩为适合流传输的文件格式，形成多个小的压缩数据包。其次，通过服务器或代理服务器向客户端实时、连续的发送请求的数据包。再次，客户端通过缓存接收数据并解码，解码后的流媒体数据可供用户观看，直到播放完成用户所需的数据。用户在观看的同时，媒体数据不断到来，及时解码缓存，从而为用户有更好的体验做好准备。这样既减少了用户等待时间又能有更加流畅的播放画面。随着网络高速覆盖到家庭，视频流的数量将会越来越多，由此也将会在不久的将来带来流媒体网络流的拥塞。

2.2 P2P 流媒体的结构

2.2.1 系统结构

（1）系统元素

服务器：系统服务器向用户提供门户服务以访问需要信息。根据所提供的资料类别，我们可以把它们分为几种类型。

通道信息服务器：对用户提供视频内容的描述和信息。

跟踪：维护观看同一视频的用户列表：一个用户可以通过跟踪跟踪检索其他观看同一视频用户的部分清单，然后与他们建立合作伙伴关系，交换内容。

视频：拥有整个视频或生成实况视频流的副本。

终端用户：终端用户是网络中接收内容的节点。他们在基础网络顶部形成覆盖网络以此来交流内容。在本文中，我们称之为“节点”和“节点”更换。

3

图 4-22 奇数页页眉

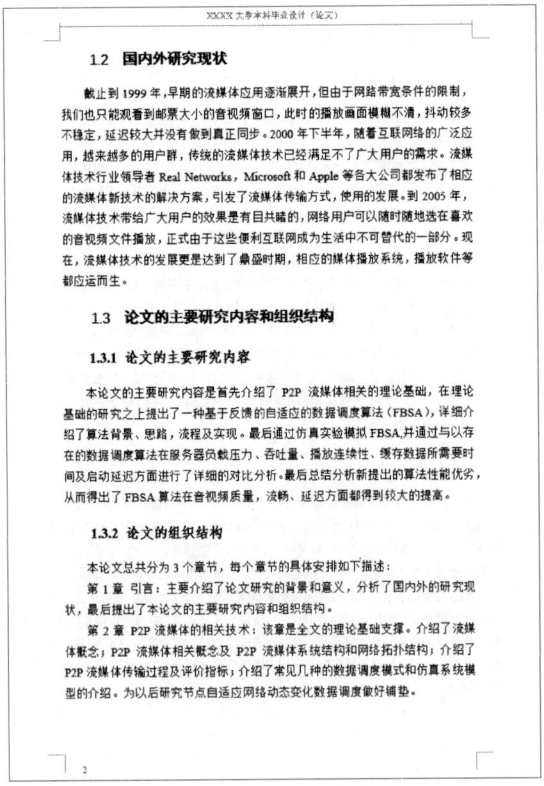

XXXX 大学本科毕业设计（论文）

1.2 国内外研究现状

截止到 1999 年，早期的流媒体应用逐渐展开，但由于网路带宽条件的限制，我们也只能观看到邮票大小的音视频窗口，此时的播放画面模糊不清，抖动较多不稳定，延迟较大并没有做到真正同步。2000 年下半年，随着互联网络的广泛应用，越来越多的用户群，传统的流媒体技术已经满足不了广大用户的需求。流媒体技术行业领导者 Real Networks，Microsoft 和 Apple 等各大公司都发布了相应的流媒体新技术的解决方案，引发了流媒体传输方式，使用的发展。到 2005 年，流媒体技术带给广大用户的效果是有目共睹的，网络用户可以随时随地选在喜欢的音视频文件播放，正式由于这些便利互联网成为生活中不可替代的一部分。现在，流媒体技术的发展更是达到了鼎盛时期，相应的媒体播放系统，播放软件等都应运而生。

1.3 论文的主要研究内容和组织结构

1.3.1 论文的主要研究内容

本论文的主要研究内容是首先介绍了 P2P 流媒体相关的理论基础，在理论基础的研究之上提出了一种基于反馈的自适应的数据调度算法（FBSA），详细介绍了算法背景、思路，流程及实现。最后通过仿真实验模拟 FBSA,并通过与以存在的数据调度算法在服务器负载压力、吞吐量、播放连续性、缓存数据所需要时间及启动延迟方面进行了详细的对比分析。最后总结分析新提出的算法性能优劣，从而得出了 FBSA 算法在音视频质量，流畅、延迟方面都得到较大的提高。

1.3.2 论文的组织结构

本论文总共分为 3 个章节，每个章节的具体安排如下描述：

第 1 章 引言：主要介绍了论文研究的背景和意义，分析了国内外的研究现状，最后提出了本论文的主要研究内容和组织结构。

第 2 章 P2P 流媒体的相关技术：该章是全文的理论基础支撑。介绍了流媒体概念；P2P 流媒体相关概念及 P2P 流媒体系统结构和网络拓扑结构；介绍了 P2P 流媒体传输过程及评价指标；介绍了常见几种的数据调度模式和仿真系统模型的介绍。为以后研究节点自适应网络动态变化数据调度做好铺垫。

2

图 4-23 偶数页页眉

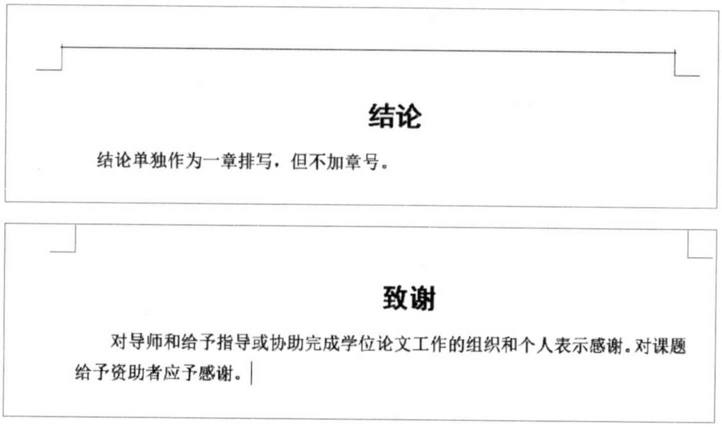

结论

结论单独作为一章排写，但不加章号。

致谢

对导师和给予指导或协助完成学位论文工作的组织和个人表示感谢。对课题给予资助者应予感谢。

图 4-24　结论和致谢

三、实验步骤

1. 分隔符的设置。

（1）利用"布局"选项卡，在"页面设置"组中选择"分隔符"→"分节符"选项，按照实验任务要求，在合适的位置插入合适类型的分节符，为文档不同部分设置不同的节。

（2）利用"布局"选项卡，在"页面设置"组中选择"分隔符"→"分页符"选项，按照实验任务要求，为文档结论、致谢、参考文献节插入合适的分页符。

2. 页眉的设置。

（1）利用"插入"选项卡，在"页眉和页脚"组中单击"页眉"按钮，选择"编辑页眉"选项，根据实验任务要求，为文档各节分别对"页眉和页脚工具→设计"选项卡中的"链接到前一条页眉"命令和复选框"首页不同""奇偶页不同"进行合适的设置。

（2）在文档正文任意偶数页，利用"插入"选项卡，在"页眉和页脚"组中单击"页眉"按钮，选择"编辑页眉"选项，在"页眉编辑区"中输入"XXXX 大学本科毕业设计（论文）"。

3. 文档部件的构建和使用。

在文档正文任意奇数页，利用"插入"选项卡，在"页眉和页脚"组中单击"页眉"按钮，选择"编辑页眉"选项，在"页眉编辑区"选择"插入"选项卡"文本"组中的"文档部件"命令，在菜单中选择"域"命令，在弹出的"域"窗口中选择"StyleRef"域，不勾选"插入段落编号"前的复选框，可以完成"标题 1"内容的插入，否则完成"标题 1"编号的插入，如图 4-25 所示。

4. 页码的设置。

利用"插入"选项卡，在"页眉和页脚"组中单击"页码"按钮，选择"设置页码格式"选项，根据实验任务要求，为正文对应节设置合适的"页码编号"→"起始页码"，设置为"1"。在页脚编辑区设置页码时，也要根据实验任务要求，将"页眉和页脚工具→设计"选项卡中的"链接到前一条页眉"命令和复选框"首页不同""奇偶页不同"进行合适的设置，如图 4-26 所示。

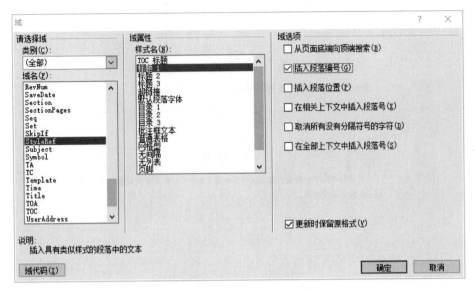

图 4-25　域设置

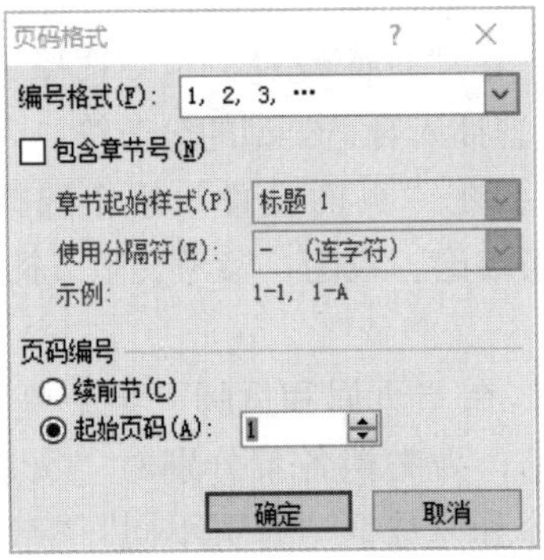

图 4-26　页码设置

四、课外练习

请利用文档部件功能，实现在 Word 文档中同一页左右栏不同页码的设置。

实验 6　脚注、尾注、题注和交叉应用的设置

一、实验目的

在长文档的编辑过程中，文档内容的索引、脚注、尾注、题注等引用信息非常重要，这类信息的添加可以使文档的引用内容和关键内容得到有效组织，并可随着文档内容的更

新而自动更新。

　　插入脚注和尾注一般用于在文档和书籍中显示引用资料的来源，或者用于输入说明性或补充信息的说明。脚注位于当前页面的底部或指定文字的下方，而尾注则位于文档的结尾处或者指定节的结尾，脚注和尾注均通过一条短横线与正文分隔开。两者均包含注释文本，该注释文本位于页面的结尾处或者文档的结尾处，且都比正文文本的字号小一些。

　　题注是一种可以为文档中的图表、表格、公式或其他对象添加的编号标签，如果在文档的编辑过程中对题注执行了添加、删除或移动操作，则可以一次性更新所有题注编号，而不需要再进行单独调整。

　　交叉引用是对文档中其他位置的内容的引用，可以为标题、脚注、书签、题注、编号段落等创建交叉引用。创建交叉引用后，可以改变交叉引用的引用内容。

　　本案例要求完成一份毕业论文脚注、尾注、题注和交叉引用的设置。

二、实验任务

1. 脚注和尾注的设置。

（1）为文档第一段插入脚注"基于 P2P 流媒体数据调度算法改进研究"，如图 4-27所示。

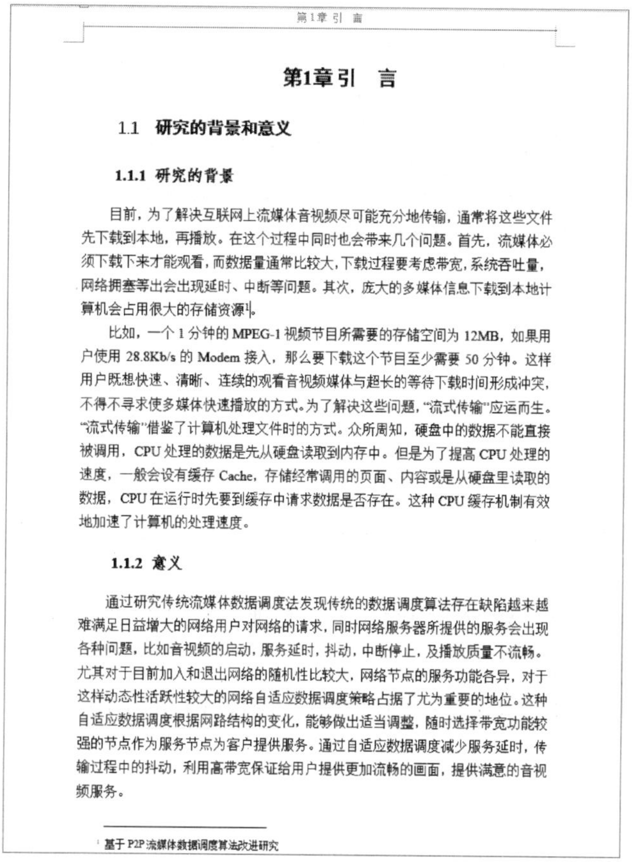

图 4-27　脚注

（2）为文档第二段插入尾注"自适应的数据调度算法（FBSA）在音视频质量和流畅性方面都得到较大的提高"，如图 4-28 所示。

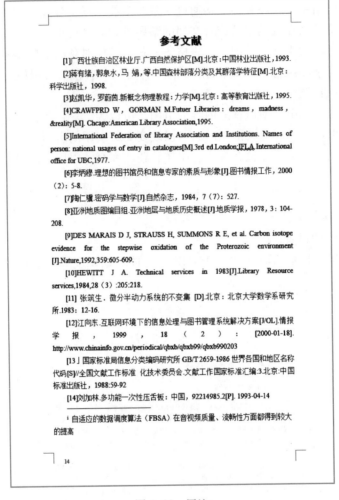

图 4-28　尾注

2. 题注的设置。

（1）设置文档中图像文字环绕方式为"上下型"，对齐方式为"居中"对齐，如图 4-29 所示。

（2）将文档中的图像标题改为用题注方式实现，如图 4-29 所示。

3. 交叉引用的设置。

为参考文献添加编号并将文档中的对编号和图像标题的引用设置为交叉引用。

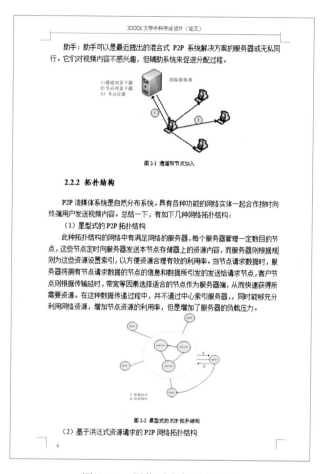

图 4-29　图像对齐与图号设置

三、实验步骤

1. 脚注、尾注的设置。

（1）利用"引用"选项卡"脚注"组中的"插入脚注"命令，按照实验任务要求为文档第一段插入适当的脚注。

（2）同样利用"引用"选项卡"脚注"组中的"插入尾注"命令，按照实验任务要求为文档第二段插入适当的尾注。

2. 题注的设置。

（1）选择文档中的图像，在"图片工具→格式"选项卡"排列"组中首先选择"环绕文字"命令，为图像设置为"上下型环绕"方式，然后利用"对齐"命令，为图片设置对齐方式为"水平居中"。

（2）利用同样的方法，将文档中所有的图像都设置为"上下型环绕"方式和"水平居中"对齐方式。

（3）利用"引用"选项卡"题注"组中的"插入题注"命令，打开"题注"窗口，如图 4-30 所示，为文档中的图像添加图编号题注。

（4）在"题注"窗口中如果没有所需要的标签，可以单击"新建标签"按钮，如图4-31所示，设置适合的标签。

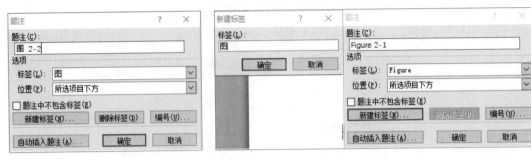

图4-30　题注设置　　　　　　图4-31　新建题注标签

3. 交叉引用的设置。

（1）参考样文的格式为文档中参考文献设置编号，如图4-32所示。

（2）利用"引用"选项卡"题注"组中的"交叉引用"命令，打开"交叉引用"窗口，如图4-33所示，参考样文格式的设置，在合适的位置为参考文献编号和图像的题注插入合适的交叉引用。

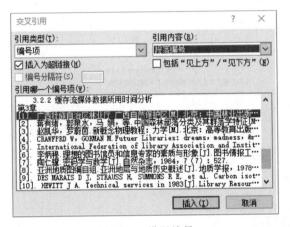

图4-32　设置编号

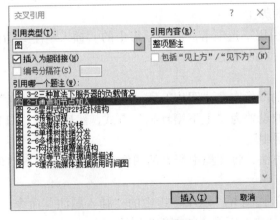

图4-33　交叉引用

四、课外练习

请在文档在目录和正文之间，单独添加一节并设置图像目录。

实验 7　表格应用与公式输入

一、实验目的

作为文字处理软件，表格功能是必不可少的，Word 在表格方面的功能十分强大，最大限度地简化了表格的格式化操作，使用户可以更加轻松地创建出专业、美观的表格。

在专业的 Word 文档中，时常需要插入数学公式。Word 可以插入内置的公式和复杂的自定义公式。

本案例要求按照样文插入合适的表格和正确的公式。

二、实验任务

微视频 4-4：
Word 表格和公式

1. 插入表格并设置样式。

按照素材提示，制作"表格 4-1 紧固方法和载荷控制技术选择"，输入表格内容并设置对应样式。

表 4-1　紧固方法和载荷控制技术选择

密封应用要求	一般密封要求	中等密封要求	严格密封要求
上紧工具	手工扳手	电动扳手或液压扳手	拉伸应力测量工具
上紧方法	感觉法	力矩法或拉伸法	拉伸法
载荷控制技术	凭借操作者的感觉及工程实践经验	可测量的扭矩或螺栓拉伸伸长	测量螺栓拉伸伸长/拉伸应力控制技术
载荷控制误差	较大	力矩扳手：约±40%	
液压拉伸器：约±25%	$\pm 1^{+10\%}_{-10\%}$		
介质要求参照 ASME B13.3	D 类介质（非易燃、无毒无害、低压介质）	一般介质（除 D 类和 M 类介质的其他介质）	M 类介质（极度、高度危害介质）
压力管道应用参照 GB/T20801	GC3 级	GC2 级	GC1 级
成本要求	低	中等	高

2. 插入内置公式。

参考素材公式（1），插入内置公式"傅里叶级数"公式。

3. 插入自定义公式。

参考素材公式（2），将其作为自定义公式插入到文档中。

4. 将自定义公式保存为新公式。

将插入的公式（2），作为自定义公式保存在公式库中。

素材如下：

****

螺栓预紧扭矩值的计算：

如何确定法兰接头的预紧力矩一直是大家关心的问题。

理论计算公式

傅里叶级数公式

$$f(x) = a_0 + \sum_{n=1}^{\infty} \left(a_n \cos \frac{n\pi x}{L} + b_n \sin \frac{n\pi x}{L} \right) \tag{1}$$

PCC-1 附录 J 和 GB/T16823.2[8] 均给出了类似的理论计算公式：

$$T = \frac{F}{2} \left(\frac{P}{\pi} + \frac{\mu_t d_2}{\cos\beta} + D_e \mu_n \right) \tag{2}$$

工程上可简化为：

$$T = \frac{F}{2} \left(0.16P + 0.58\mu_t d_2 + \frac{D_e \mu_n}{2} \right) \tag{3}$$

注：$0.16P$——上紧螺栓的扭矩；

$0.58\mu_t d_2$——克服螺纹摩擦的扭矩；

$\dfrac{D_e \mu_n}{2}$——克服支撑面摩擦的扭矩。

用户和法兰接头安装人员应考虑到接头的设计条件（压力、温度等）、机械条件（螺栓直径、法兰直径、垫片类型等）、接头有无泄漏记录及接头密封的介质类别来确定接头的密封应用要求，并充分考虑接头在其应用环境中的泄漏风险（安全、环境和经济因素）来选择接头的紧固方法和载荷控制技术。选择方法参见表4-1所示。

****

三、实验步骤

1. 插入表格并设置样式。

（1）利用"插入"选项卡，在"表格"组中单击"表格"按钮，选择"插入表格"选项，插入一个 9 行 4 列的表格，如表 4-1 所示。

（2）按照表 4-1 所示的格式，输入表格的内容。

（3）利用"表格工具→设计"选项卡，在"表格样式"组中，为表格设置样文要求的格式。

2. 插入内置公式。

利用"插入"选项卡"符号"组中的"公式"命令，选择内置的"傅里叶级数"公式插入到文档合适的位置，如图 4-34 所示。

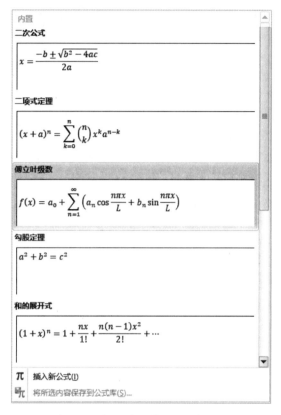

图 4-34　插入内置傅里叶级数公式

3. 插入自定义公式。

利用"插入"选项卡，在"符号"组中单击"公式"按钮，选择"插入新公式"选项，在"公式工具"→"设计"选项卡中，在"符号"组中选择合适的符号，在"结构"组中选择合适的结构，参考素材格式，完成公式（2）的输入。

4. 将自定义公式保存为新公式。

选中输入的公式（2），利用"插入"选项卡，在"符号"组中单击"公式"按钮，选择"将所选内容保存到公式库"选项，打开"新建构建基块"窗口，对公式（2）重命名并保存在公式库中，如图 4-35 所示。

图 4-35　新建构建基块

四、课外练习

请思考如何实现 Word 文档中公式默认字体、字号的修改。

实验 8　邮件合并的应用

一、实验目的

Word 提供了强大的邮件合并功能，该功能具有极佳的实用性和便捷性。如果希望批量创建一组文档，就可以使用邮件合并功能来实现。利用"邮件合并"功能可以批量创建信函、电子邮件、传真、信封、标签、工资单、绩效发放表、目录（打印出来或保存在单个 Word 文档中的姓名、地址或其他信息的列表）等文档。

本案例要求完成一封邀请函邀请人员名称的合理设置。

二、实验任务

邮件合并功能为批量制作文档提供了完美的解决方案，它可以将多种类型的数据源整合到 Word 文档中，用最省时省力的方法创建出目标文档。在填写大量格式相同，只需要修改少数相关内容，而其他内容不变的文档时，可以灵活运用 Word 邮件合并功能，不仅操作简单，还可以设置各种格式、打印效果，满足不同客户的不同需求。

邮件合并在两个电子文档之间进行，一个叫主文档，一个叫数据源。

主文档包含内容固定不变的文档主体部分。创建方法与普通文档类似，可以对字体、段落、页面等进行格式设置。

数据源文件是用于保存数据的文档，文件格式有多种，数据源可以来自 Word 表格、Excel 工作簿、Outlook 联系人列表或者利用 Access 创建的数据表。

本案例具体要求如下。

1. 在"尊敬的"和"："之间，插入拟邀请的专家姓名，并根据性别显示"先生"或"女士"，如图 4-36 所示。

2. 制作内容相同、收件人不同（收件人为"通信录.xlsx"中的每个人，如表 4-2 所示）的多份邀请函，将合并主文档以"邀请函 1.docx"为文件名进行保存，将效果预览后生成可以单独编辑的单个文档保存为"邀请函 2.docx"。

表 4-2　通信录名单

编号	姓名	性别	公　司	地　址	邮政编码
BY001	邓建威	男	电子工业出版社	北京市太平路 23 号	100036
BY002	郭小春	女	中国青年出版社	北京市东城区东四十条 94 号	100007
BY005	李达志	男	清华大学出版社	北京市海淀区知春路西格玛中心	100080
BY007	陈岩捷	女	天津广播电视大学	天津市南开区迎水道 1 号	300191

续表

编号	姓名	性别	公　司	地　址	邮政编码
BY008	胡光荣	男	正同信息技术发展有限公司	北京市海淀区二里庄	100083
BY009	李晓春	女	高等教育出版社	北京市西城区八里桥 116 号	100006

三、实验步骤

1. 在"尊敬的"和"："之间，插入拟邀请的专家姓名，并根据性别显示"先生"或"女士"。

（1）利用"邮件"选项卡，在"开始邮件合并"组中单击"选择收件人"按钮，选择"使用现有列表"选项。

（2）在打开的"选取数据源"窗口中，选择本案例的数据源"通信录 . xlsx"。

（3）利用"邮件"选项卡"编写和插入域"组中的"插入合并域"命令，选择实验任务要求中要求插入的域名"姓名"，如图 4-36 所示。

（4）利用"邮件"选项卡，在"编写和插入域"组中的单击"规则"按钮，选择"如果…那么…否则…"选项，打开"插入 Word 域：IF"窗口，在该窗口中设置条件如图 4-37 所示。

图 4-36　插入合并域选项

图 4-37　设置条件

- 在"域名"下拉列表框中选择"性别"。
- 在"比较条件"下拉列表框中选择"等于"。
- 在"比较对象"文本框中输入"男"。

- 在"则插入此文字"文本框中输入"先生"。
- 在"否则插入此文字"文本框中输入"女士"。

使被邀请人的称谓与性别建立关联。

（5）对插入到主文档中的域"先生"进行字体、字号等格式设置，一张邀请函效果如图 4-38 所示。

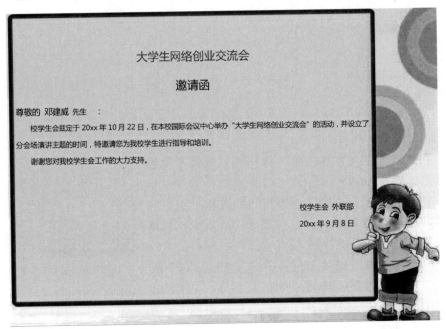

图 4-38　邀请函样章

2. 按照实验任务要求，生成"邀请函 1"。

（1）将效果预览（如图 4-39 所示）后生成的单个邀请函以"邀请函 2.docx"为文件名进行保存。

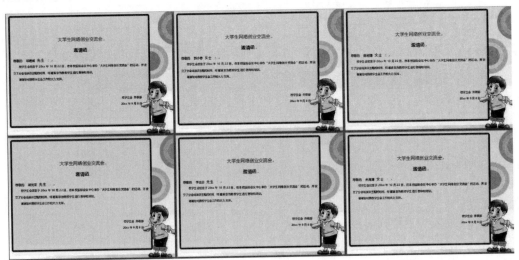

图 4-39　邀请函预览效果

（2）利用"邮件"选项卡，在"完成"组中单击"完成并合并"按钮，选择"编辑单个文档"选项，在"合并到新文档"窗口中，单击选中"全部"选项前的单选按钮，生成邀请函正文，将邀请函正文文档以"邀请函 1.docx"为文件名进行保存。

四、课外练习

请利用"通信录.xlsx"中的信息，为每封邀请函生成一个配套的信封。

第 5 章　Microsoft Excel 2016

实验 1　数据简单统计与计算

一、实验目的

1. 熟练掌握 Excel 工作表的创建、编辑和修改的方法。
2. 认识工作簿、工作表和单元格。
3. 熟练掌握常用函数与公式的使用方法。例如，SUM、AVERAGE、IF、COUNTA、COUNTIF、MAX、MIN、AND、OR 和 FREQUENCY 等。
4. 熟练掌握条件格式的应用方法。

二、实验任务

微视频 5-1：
数据计算与统计

制作一份"学生成绩统计表"的工作簿，其素材文件如图 5-1 所示。按实验步骤要求完成内容，最后生成"学生成绩统计表"工作簿样张，如图 5-2 所示。

	A	B	C	D	E	F	G	H
1		性别	语文	数学	外语	体育	总分	总评
2	肖阳	男	100	59	100	70		
3	李二	女	55	88	60	60		
4	刘鑫	男	61	35	61	80		
5	安瑞	女	66	80	51	50		
6	鲁璐	男	74	76	84	80		
7	雷寒	女	69	68	90	70		
8	陈立	男	81	60	87	70		
9	张小	女	91	60	63	90		

图 5-1　"学生成绩统计表"工作簿素材

图 5-2　"学生成绩统计表"工作簿样张

三、实验步骤

1. 工作簿的基本操作。

（1）Excel 文件以工作簿为保存文件名，以 xlsx 为扩展名。工作簿由工作表组成，默认打开一个 Excel 文件，其中包括 1 个工作表，以"Sheet1"命名；工作表由单元格组成，每个工作表的单元格数量恒定不变。

（2）将"Sheet1"工作表重命名为"成绩统计表"，并以文件名为"学生成绩统计表.xlsx"保存。

2. 工作表和单元格的基本操作。

（1）工作表由行列构成。行按数字 1,2,3,…编号，列按英文字符 A,B,C,…编号，一行和一列构成了唯一的一个单元格。单元格的地址由列标和行号组成，表示某单元格应列标在前，行号在后。如 AB7 表示第 AB 列第 7 行的单元格。需要操作行、列或单元格时，用鼠标左键或右键单击需要操作的对象，根据提示操作。

（2）按如图 5-3 要求输入学生信息资料。

图 5-3　"成绩统计表"工作表

（3）选中单元格 A2 到 L13，单击"开始"选项卡"字体"选项组中"下框线"右边的下拉菜单，选择"所有框线"选项，给选中的单元格添加一个边框。单击"开始"选项卡"对齐方式"选项组中的"居中"按钮，使单元格中的内容居中排列。

（4）选中单元格 A2 到 L10，选择"上框线和双下框线"。

（5）选中单元格 A2 到 L13，选择"粗下框线"。

（6）选中单元格 A11 到 A13，单击"开始"选项卡"对齐方式"选项组中的"合并后居中"按钮，合并单元格。用同样的方法，合并单元格 A1 到 L1，L3 到 L10，J11 到 J13。

3．自定义文本格式。

微视频 5-2：
单元格格式设置

（1）选中单元格 A3 到 A11，在选中内容上右击鼠标，在弹出的快捷菜单中选择"设置单元格格式"选项。（或者在"开始"选项卡"单元格"选项组中"格式"下拉菜单中，也能找到"设置单元格格式"选项）

（2）在弹出的"设置单元格格式"窗口中，选择"数字"选项卡，在"分类"组中，选择"自定义"选项。

（3）在"类型"文本框中输入："2020010203"0#。如图 5-4 所示。

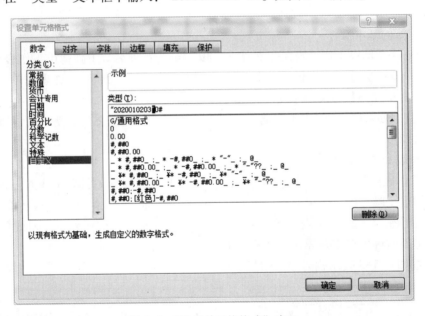

图 5-4 "设置单元格格式"窗口

> **注意：**
>
> ☞ 输入的双引号为英文状态下的双引号。
>
> ☞ 当在单元格 A3 输入 7 时，将显示 202001020307 的结果；当在单元格 A3 输入 13 时，将显示 202001020313 的结果。

（4）单击"确定"按钮。

（5）在单元格 A3 到 A10 中，分别输入 1、2、5、7、8、11、12、13。则在单元格 A3 到 A10 中，分别显示 202001020301、202001020302、202001020305、202001020307、202001020308、202001020311、202001020312、202001020313。

4．利用函数与公式进行计算统计。

（1）求和函数 SUM 的应用。

函数的使用方法有 3 类。

◇ 直接输入型：选中单元格 H3，然后输入：=D3+E3+F3+G3，或者输入：=SUM（D3:G3），按 Enter 键表示确认。

◇ 通用型：选中单元格 H3，单击"公式"选项卡下方的"插入函数"按钮 f_x，在弹出的"插入函数"窗口中选择"选择函数"组中的函数 SUM，单击"确定"按钮。在弹出的"函数参数"窗口中，可以看到"Number1"组文本框内容为 D3:G3，在对话框的左下角显示有："计算结果 = 329"，单击"确定"按钮。

◇ 插入函数型：可以在"开始"选项卡"编辑"选项组中"Σ自动求和"右边的下拉菜单中找到常用函数。也可以在"公式"选项卡"函数库"选项组中找到更多更全的常用函数。

（2）自动填充柄功能的应用。

单击单元格 H3，将鼠标指针移动到该单元格的最右下方位置，光标会变成一个加号形状"+"，这就是自动填充柄了。按住鼠标左键往下拖动至单元格 G3，其他所有总分都按照上面单元格 H3 的计算方法自动填充完成了。

> **注意：**
> ☞ 自动填充柄功能不仅能将公式填充，还能将文字所使用到的格式也进行填充，所以在填充完成之后，应手动完成单元格 H10 下方的双下框线设置。

（3）平均值函数 AVERAGE 的应用。

选中单元格 I3，单击"公式"选项卡"函数库"选项组"自动求和"下边的按钮，在弹出的下拉菜单中选择"平均值"选项。此时单元格 I3 中显示"=AVERAGE（D3:H3）"，表示对 D3:H3 区域内的 5 个数求平均值，这显然是错误的。修改方法是直接拖动鼠标选择 D3:G3 区域后，按 Enter 键表示确认。最后用自动填充柄功能完成 I4:I10 所有学生的求平均分操作。

（4）小数位数的设置。

怎样使这些平均分都变成整数呢？选中单元格 I3:I10，在选中内容之上右击鼠标，选择"设置单元格格式"选项。在弹出的"设置单元格格式"窗口中，选择"数字"选项卡，在"分类"组中，选择"数值"选项。在右边的"小数位数"中，将默认的"2"修改为"0"，单击"确定"按钮。此时所有平均分都是整数了。

（5）选择函数 IF 的应用。

选中单元格 J3，单击"公式"选项卡"函数库"选项组"逻辑"下边的按钮，在弹出的下拉菜单中选择"IF"选项。此时弹出"函数参数"窗口，在"Logical_test"对话框中输入：I3>=80；在"Value_if_true"对话框中输入:"优"；在"Value_if_false"对话框中输入：IF(I3>=70,"良",IF(I3>=60,"中","差"))。单击"确定"按钮。此时单元格 J3 显示"优"。最后用自动填充柄功能完成 J4:J10 所有学生的总评操作。

（6）多条件格式输入函数 AND 和 OR 的应用。

选中单元格 K3，输入：=IF(AND(D7>=60,E7>=60,F7>=60,G7>=60),"","不及格")。此时单元格 K3 显示"不及格"。最后用自动填充柄功能完成 K4:K10 所有学生的总评补考登记操作。

注意：

☞ 在单元格 K3 中输入：=IF(OR(D7<60,E7<60,F7<60,G7<60),"不及格","")，可以达到相同效果。

（7）统计函数 COUNTA 的应用。

选中单元格 L3，单击"公式"选项卡"函数库"选项组"其他函数"→"统计"→"COUNTA"。在弹出的"函数参数"窗口中，在"Value1"文本框中输入：A3：A10。单击"确定"按钮，此时单元格 L3 显示"8"。

（8）最大值函数 MAX 和最小值函数 MIN 的应用。

选中单元格 D11，单击"公式"选项卡"自动求和"→"最大值"。此时编辑栏中显示"=MAX(D3：D10)"，如图 5-5 所示。单击 Enter 键表示确认。此时单元格 D11 显示"100"。用同样的方法，选中单元格 D12，单击"公式"选项卡"自动求和"→"最小值"。此时编辑栏中显示"=MIN(D3：D11)"，这显然是错误的。需要按住鼠标重新拖动选择区域 D3：D10，当编辑栏显示为"=MIN(D3：D10)"时，单击 Enter 键表示确认。此时单元格 D12 显示"55"。

学号	姓名	性别	语文	数学	外语	体育	总分	平均分	总评	是否补考	参考人数
					成都市实验中学初一1班成绩统计表						
202001020301	肖阳	男	100	59	100	70	329	82	优	不及格	
202001020302	李二	女	55	88	60	60	263	66	优	不及格	
202001020305	刘鑫	男	61	35	61	80	237	59	优	不及格	
202001020307	安瑞	女	66	80	51	50	247	62	优	不及格	
202001020308	鲁璐	男	74	76	84	80	314	79	优		8
202001020311	雷寨	女	69	68	90	70	297	74	优		
202001020312	陈立	男	81	60	87	70	298	75	优		
202001020313	张小	女	91	60	63	90	304	76	优		
	最大值		=MAX(D3:D10)								
	最小值		MAX(number1, [number2], ...)								
	不及格人数										

图 5-5　求最大值函数 MAX 的应用

（9）条件统计函数 COUNTIF 的应用。

选中单元格 D13，单击"公式"选项卡"函数库"选项组"其他函数"→"统计"→"COUNTIF"。在弹出的"函数参数"窗口中，在"Range"文本框中输入：D3：D10；在"Criteria"文本框中输入：<60。单击"确定"按钮，此时单元格 D13 显示"1"。

（10）多选项的自动填充。

选中 D11：D13，用自动填充柄功能完成 E11：G13 所有最大值、最小值及不及格人数的统计。

（11）频率分布函数 FREQUENCY 的应用。

◇ 在单元格 J11 中输入：统计成绩在<60、60～89、>89 三个区间段的人数，按 Enter 键表示确认。此时文字只显示在一行，不能看到全部内容。在单元格 J11 上右击鼠标，选择"设置单元格格式"选项。弹出"设置单元格格式"窗口，选择"对齐"选项卡，在"文本控制"选项中，勾选"自动换行"复选框，单击"确定"按钮。再拖动 J 列和 K 列的交界处调整 J 列宽度，使文字在三行内显示。

◇ 在单元格 K11 中输入：59；在单元格 K12 中输入：89。

◇ 选中单元格 L11：L13，输入：＝FREQUENCY($D$3:$G$10,K11:K12)，按下 Ctrl+Shift+Enter 组合键。单元格 L11 显示分数<60 的人数；单元格 L12 显示分数在 60~89 之间的人数；单元格 L13 显示分数>89 的人数。

5. 条件格式的应用。

（1）选中单元格 D3:G10，选择"开始"选项卡"样式"选项组中的"条件格式"→"突出显示单元格规则"→"大于"选项。在弹出的"大于"窗口中，在"为大于以下值的单元格设置格式："下方的文本框中输入：89；在"设置为"右边选择：浅红填充色深红色文本。单击"确定"按钮。

（2）选中单元格 D3:G10，单击"开始"选项卡"样式"选项组中的"条件格式"→"突出显示单元格规则"→"介于"选项。在弹出的"介于"窗口中，在"为介于以下值之间的单元格设置格式："下方的文本框中输入：60；在"到"右边的文本框中输入：89；在"设置为"右边选择：黄填充色深黄色文本。单击"确定"按钮。

（3）选中单元格 D3:G10，单击"开始"选项卡"样式"选项组中的"条件格式"→"突出显示单元格规则"→"小于"选项。在弹出的"小于"窗口中，在"为小于以下值的单元格设置格式："下方的文本框中输入：60；在"设置为"右边选择：绿填充色深绿色文本。单击"确定"按钮。

（4）选中单元格 D3，单击"开始"选项卡"剪贴板"选项组的"格式刷"按钮，选中单元格 K11:K12，应用前面的样式。

（5）选中单元格 L11:L13，选择"开始"选项卡"样式"选项组中的"数据条"–"渐变填充"–"蓝色数据条"选项。

6. 插入图片。

（1）单击 A11，单击"插入"选项卡"插图"选项组中"图片"按钮，选择图片：成都市实验中学 .jpg。

（2）调整图片大小，使图片刚好放在单元格 A11:A13 内。

四、课外练习

制作一张名为"xxx 寝室介绍"的电子表格，要求统计所在寝室里每个人的姓名、身高、体重等数据，并分析数据，要求使用函数 AVERAGE、MAX 和 MIN 等。

实验 2　Excel 的公式与函数

一、实验目的

1. 理解绝对地址和相对地址的区别。

2. 熟练掌握一些函数与公式的使用方法，如合并字符串 CONCATENATE、返回字符

MID、日期 DATE、求余数 MOD、当前日期 TODAY、排名 RANK、纵向查找 VLOOKUP 等。

微视频 5-3：VLOOKUP 函数的使用

3. 掌握函数的嵌套使用方法。

二、实验任务

完善电子表格"成都市****数学竞赛信息记录表"，其样张如图 5-6 所示。

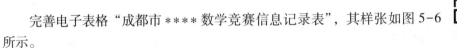

	A	B	C	D	E	F
1						
2	编号	班级	姓名	身份证号码	成绩	
3	1	20220113	肖阳	510105200611281234	55	
4	2	20210105	李二	510104200602031239	88	
5	3	20210206	刘鑫	510111200604271126	80	
6	4	20220301	安瑞	510101200709080339	62	
7	5	20220208	鲁璐	510107200712120046	74	
8	6	20210314	雷寒	510105200510301623	85	
9	7	20220209	陈立	510112200701260460	60	
10	8	20210101	张小	510104200603090831	59	
11						

图 5-6　成都市****数学竞赛信息记录表

生成工作表"档案记录表"，其样式如图 5-7 所示，并完善表格内容。

	A	B	C	D	E	F	G	H	I	J
2	编号	班级	学号	姓名	身份证号码	出生日期	性别	年龄	成绩	排名
3	1	20220113		肖阳	510105200611281234				55	
4	2	20210105		李二	510104200602031239				88	
5	3	20210206		刘鑫	510111200604271126				80	
6	4	20220301		安瑞	510101200709080339				62	
7	5	20220208		鲁璐	510107200712120046				74	
8	6	20210314		雷寒	510105200510301623				85	
9	7	20220209		陈立	510112200701260460				60	
10	8	20210101		张小	510104200603090831				59	

图 5-7　工作表"档案记录表"样式

生成工作表"档案记录表"和"2022 届学生成绩表"，其表格如图 5-8 所示，并完善表格内容。

三、实验步骤

1. 工作表"档案记录表"的制作。

（1）新建工作表"档案记录表"。

（2）复制工作表"信息表"单元格 A2:E10 到工作表"档案记录表"中相应位置。

（3）在"姓名"列前插入"学号"列。

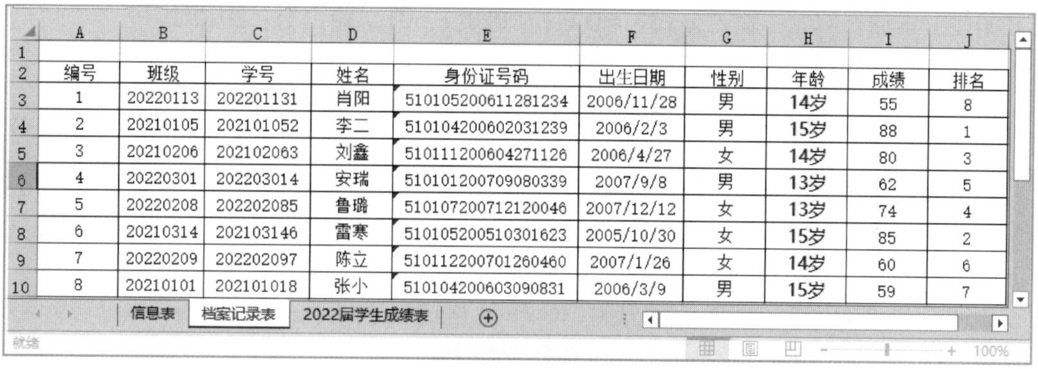

(a) 档案记录表

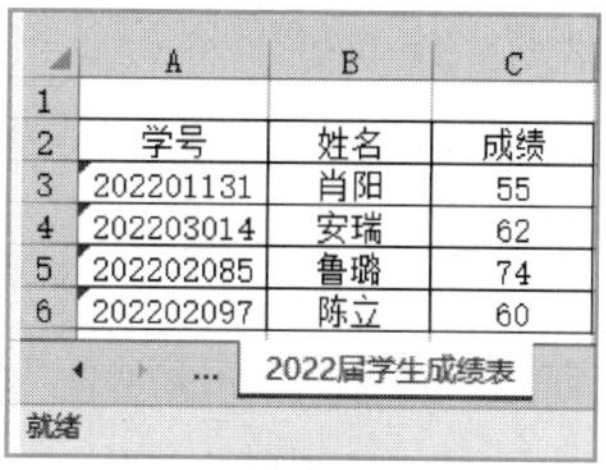

(b) 2022届学生成绩表

图 5-8　档案记录表与 2022 届学生成绩表

（4）利用函数 CONCATENATE，实现"学号"列的输入。例如，单元格 A3 为"1"，单元格 B3 为"20220113"，则单元格 C3 为"202201131"。

函数格式：CONCATENATE(text1,[text2],[text3],…)

函数含义：将一个或多个文本项连接在一起，生成新的文本项。

函数参数 1：text1 为必填项，为连接的第 1 个文本。

函数参数 2：text2 和 text3 为可选项，为连接的第 2 和第 3 个文本。

则图 5-8（a）所示档案记录表中 C3 单元格的函数为：=CONCATENATE(B3,A3)。

（5）在"成绩"列前分别插入"出生日期""性别"和"年龄"3 列。如图 5-7 所示。

（6）利用函数 DATE 和 MID，实现"出生日期"列的输出。例如，单元格 E3 为"510105200611281234"，则单元格 F3 为"2006/11/28"。

函数格式：DATE(year,month,day)

函数含义：返回在单元格日期时间代码中代表日期的数字。

函数参数 1：year 为年，可填写 1~4 位数字。例如，输入公式：=DATE(99,1,1)，输出为：1999/1/1。输入公式：=DATE(2020,1,1)，输出为：2020/1/1。

函数参数 2：month 为月。

如果输入月份大于 12，将从指定年份的 1 月份开始往后加算月份。例如，输入公式：=DATE(2020,14,1)，输出为：2021/2/1。

如果输入月份小于或等于 0，将从指定年份的上一年 12 月份开始往前减算月份。例如，输入公式：=DATE(2020,-2,1)，输出为：2019/10/1。

函数参数 3：day 为日。如果输入日期大于该月份的最大天数，将从指定月份的第一天开始往上累加。例如，输入公式：=DATE(2020,1,50)，输出为：2020/2/19。

函数格式：MID(text, start_num, num_chars)

函数含义：从文本字符串中指定的起始位置起返回指定长度的字符。

函数参数 1：text 为文本字符串。

函数参数 2：start_num 为起始位置。

函数参数 3：start_chars 为指定的长度。例如，单元格 A2 为：大学计算机基础课，在单元格 B2 中输入公式：=mid(A2,3,5)，最后单元格 B2 输出为：计算机基础。

则图 5-8（a）所示档案记录表中 F3 单元格的函数为：=DATE(MID(E3,7,4),MID(E3,11,2),MID(E3,13,2))。

（7）利用函数 IF、MOD 和 MID，实现"性别"列的输出。例如，单元格 E3 为"510105200611281234"，则单元格 G3 为"女"。

函数格式：MOD(number, divisor)

函数含义：返回两数相除的余数。

函数参数 1：number 为被除数。

函数参数 2：divisor 为除数。

例如，单元格 E3 为 1，在单元格 G3 中输入公式：=IF(MOD(E3,2)=0,"女","男")，则单元格 G3 的输出为：男。

身份证号的第 17 位表示性别，奇数为"男"，偶数为"女"。

则图 5-8（a）所示档案记录表中 G3 单元格的函数表示为：=IF(MOD(MID(E3,17,1),2)=0,"女","男")。

（8）利用函数 DATEDIF 和 TODAY，运算符"&"，实现"年龄"列的输出。例如，单元格 E3 为"510105200611281234"，则单元格 H3 为"13 岁"。

函数格式：DATEDIF(start_date,end_date,unit)

函数含义：返回两个日期之间的年/月/日的间隔数。该函数是 Excel 的一个隐藏函数，在帮助和插入公式里面找不到该函数。

函数参数 1：start_date 为开始日期

函数参数 2：end_date 为结束日期

函数参数 3：unit 为返回的信息类型。"y"表示一段时期内的整年数。"m"表示一段时期内的整月数。"d"表示一段时期内的整天数。

函数格式：TODAY()

函数含义：返回日期格式的当前日期。

函数参数：该函数没有参数。

运算符：&

含义：连接两个文本字符串。

例如，"大学计算机"&"基础课"，则单元格输出：大学计算机基础。

则图 5-8（a）所示档案记录表中 G3 单元格的函数表示为：=DATEDIF(F3,TODAY(),"y")&"岁"。

（9）利用函数 RANK 实现"排名"列的输出。例如，单元格 I3 为"55"，成绩排名第 8，则单元格 J3 为"8"。

函数格式：RANK(number,ref,order)

函数含义：返回某数字在一列数字中相对于其他数值的大小排名；如果多个值具有相同的排位，则将返回平均排位。

函数参数 1：number 为必选项，表示需要排位的数字。

函数参数 2：ref 为必选项，表示一列数字列表。由于此题的数字列表不会随着行数的增加而改变，所以需要将相对引用"I3:I10"改为绝对引用"$I$3:$I$10"。

函数参数 3：order 为可选项，表示指定数字排位方式的数字。如果 order 为零或省略，Excel 对数字的排位是基于 ref 为按降序排列的列表；如果 order 不为零，Excel 对数字的排位是基于 ref 为按升序排列的列表（该题可以省略不写函数参数 3）。

则图 5-8（a）所示档案记录表中 J3 单元格的函数表示为：=RANK(I3，$I$3:$I$10)。

2. 工作表"排名表"的制作。

（1）新建工作表"2022 届学生成绩表"。

（2）复制工作表"档案记录表"单元格 C2:D10 到工作表"2022 届学生成绩表"的单元格 A2:B10 中。

（3）单击单元格 A2:B10 右下角的"粘贴选项"按钮。选择"粘贴数值"组中的第一个选项"值"，使学号能正常显示。如图 5-9 所示。

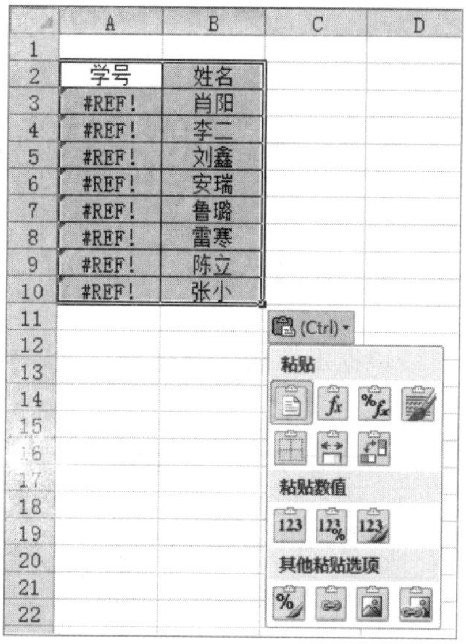

（4）删除 2021 届的学生，即删除学号以"2021"开头的行；增加"成绩"列；并调整表格，增加边框，使文字居中对齐。如图 5-8（b）2020 届学生成绩表所示。

（5）利用纵向查找函数 VLOOKUP，实现"成绩"列的输入。

函数格式：VLOOKUP（lookup_value,table_array,col_index_num,[range_lookup]）

函数含义：搜索表区域首列满足条件的元素，确定待检索单元格在区域中行序号，再进一步返回选定单元格的值。默认情况下，表是以升序排序的。

函数参数 1：lookup_value 为必填项，为待检索单元格。

图 5-9　数据的选择性粘贴

函数参数 2：table_array 为必填项，为待搜索表区域，其中首列为 lookup_value 参数需要搜索的元素。

函数参数 3：col_index_num 为必填项，当 table_array 参数的首列能搜索到 lookup_value 参数时，返回待查找区域的列序号。当 col_index_num 为 1 时，返回 table_array 第 1 列的数值；col_index_num 为 2 时，返回 table_array 第 2 列的数值；以此类推，如果 col_index_num 小于 1，返回错误值"#VALUE!"；如果 col_index_num 大于 table_array 的列数，返回错误值"#REF!"。

函数参数 4：range_lookup 为可选项，是逻辑值，指明查找时是精确匹配，还是近似匹配。如果为 FALSE 或 0，则精确匹配；如果找不到，则返回错误值"#N/A"。如果

range_lookup 为 TRUE 或 1，则近似匹配；如果找不到，则返回小于 lookup_value 的最大数值。

则图 5-8（b）所示 2022 届学生成绩表中 C3 的函数表示为：=VLOOKUP（A3,档案记录表! $C$3:$I$10,7,FALSE）。

四、课外练习

了解 Excel 的常用公式及使用方法。

实验 3 数据的排序与筛选

一、实验目的

1. 熟练掌握各种排序方法。
2. 熟练掌握自动筛选和高级筛选的方法。

二、实验任务

根据工作表"数据统计表"样张（如图 5-10 所示），实现数据的各种排序和筛选。

成都市xx中学初一1班数据统计表								
学号	姓名	性别	语文	数学	外语	体育	总分	平均分
202001020301	王强	男	82	60	87	80	309	77
202001020302	张三	男	49	88	60	60	257	64
202001020303	刘建	男	55	60	61	80	256	64
202001020304	何好	女	73	80	51	50	254	64
202001020305	史舞	女	97	76	84	90	347	87
202001020306	南阳	女	64	68	90	80	302	76
202001020307	胡露	女	80	95	87	70	332	83
202001020308	赵伊	男	92	60	68	80	300	75

图 5-10 "数据统计表"样张

分别制作工作表"简单排序""高级排序 1""高级排序 2""自动筛选""与筛选 1""与筛选 2"和"或筛选"。

微视频 5-4：
多关键字排序

三、实验步骤

1. 工作表"简单排序"的制作。
（1）新建工作表"简单排序"。

（2）将工作表"数据统计表"的单元格 A2:I10 复制到工作表"简单排序"的相应位置中。

（3）利用"开始"选项卡"编辑"选项组"排序和筛选"下拉菜单中的"降序"选项，实现按学号（第1列）降序排序。如图 5-11 所示。

	A	B	C	D	E	F	G	H	I
1									
2	学号	姓名	性别	语文	数学	外语	体育	总分	平均分
3	202001020308	赵伊	男	92	60	68	80	300	75
4	202001020307	胡露	女	80	95	87	70	332	83
5	202001020306	南阳	女	64	68	90	80	302	76
6	202001020305	史舞	女	97	76	84	90	347	87
7	202001020304	何好	女	73	80	51	50	254	64
8	202001020303	刘建	男	55	60	61	80	256	64
9	202001020302	张三	男	49	88	60	60	257	64
10	202001020301	王强	男	82	60	87	80	309	77
11									

图 5-11 "简单排序"工作表

2. 工作表"高级排序 1"的制作。

（1）新建工作表"高级排序 1"。

（2）将工作表"数据统计表"的单元格 A2:I10 复制到工作表"高级排序 1"的相应位置中。

（3）单击"数据"选项卡"排序和筛选"选项组的"排序"按钮，实现按平均分降序排序。并观察同为 64 分的 3 位学生的排序情况。如图 5-12 所示。

	A	B	C	D	E	F	G	H	I
1									
2	学号	姓名	性别	语文	数学	外语	体育	总分	平均分
3	202001020305	史舞	女	97	76	84	90	347	87
4	202001020307	胡露	女	80	95	87	70	332	83
5	202001020301	王强	男	82	60	87	80	309	77
6	202001020306	南阳	女	64	68	90	80	302	76
7	202001020308	赵伊	男	92	60	68	80	300	75
8	202001020302	张三	男	49	88	60	60	257	64
9	202001020303	刘建	男	55	60	61	80	256	64
10	202001020304	何好	女	73	80	51	50	254	64

图 5-12 "高级排序 1"工作表

3. 工作表"高级排序 2"的制作。

（1）新建工作表"高级排序 2"。

（2）将工作表"数据统计表"的单元格 A2:I10 复制到工作表"高级排序 2"的相应位置中。

（3）单击"数据"选项卡"排序和筛选"选项组"排序"按钮，实现按平均分（主要关键字）降序，语文（次要关键字）降序排序。并观察同为 64 分的 3 位学生的排序情况。如图 5-13 所示。

	A	B	C	D	E	F	G	H	I
1									
2	学号	姓名	性别	语文	数学	外语	体育	总分	平均分
3	202001020305	史舞	女	97	76	84	90	347	87
4	202001020307	胡露	女	80	95	87	70	332	83
5	202001020301	王强	男	82	60	87	80	309	77
6	202001020306	南阳	女	64	68	90	80	302	76
7	202001020308	赵伊	男	92	60	68	80	300	75
8	202001020302	张三	男	49	88	60	60	257	64
9	202001020303	刘建	男	55	60	61	80	256	64
10	202001020304	何好	女	73	80	51	50	254	64

图 5-13 "高级排序 2"工作表

4. 工作表"自动筛选"的制作。

（1）新建工作表"自动筛选"。

（2）将工作表"数据统计表"的单元格 A2:I10 复制到工作表"自动筛选"的相应位置中。

（3）单击"数据"选项卡"排序和筛选"选项组"筛选"按钮。

（4）筛选性别为男，体育成绩大于或等于 80 分的学生。如图 5-14 所示。注意观察"性别"列和"体育"列下拉菜单的不同。

	A	B	C	D	E	F	G	H	I
1									
2	学号 ▾	姓名 ▾	性别 ▾	语文 ▾	数学 ▾	外语 ▾	体育 ▾	总分 ▾	平均分 ▾
3	202001020301	王强	男	82	60	87	80	309	77
5	202001020303	刘建	男	55	60	61	80	256	64
10	202001020308	赵伊	男	92	60	68	80	300	75

图 5-14 "自动筛选"工作表

5. 工作表"与筛选 1"的制作。

（1）新建工作表"与筛选 1"。

（2）将工作表"数据统计表"的单元格 A2:I10 复制到工作表"与筛选 1"的相应位置中。

（3）制作与筛选条件区域（单元格 A1:I2）。如图 5-15 所示。

（4）单击"数据"选项卡"排序和筛选"选项组"高级"按钮。实现按条件区域的与筛选。如图 5-16 所示。观察工作表"自动筛选"和工作表"与筛选 1"的不同。

6. 工作表"与筛选 2"的制作。

（1）新建工作表"与筛选 2"。

（2）将工作表"数据统计表"的单元格 A2:I10 复制到工作表"与筛选 2"的相应位置中。

（3）制作与筛选条件区域（单元格 A1:I2）。如图 5-15 所示。

（4）单击"数据"选项卡"排序和筛选"选项组的"高级"按钮。实现按条件区域的与筛选，并选择将筛选结果复制到其他位置，如图 5-17 所示。观察工作表"与筛选 1"和工作表"与筛选 2"的不同。

微视频 5-5：
与筛选、或筛选

	A	B	C	D	E	F	G	H	I
1	学号	姓名	性别	语文	数学	外语	体育	总分	平均分
2			男				>=80		
3									
4	学号	姓名	性别	语文	数学	外语	体育	总分	平均分
5	202001020301	王强	男	82	60	87	80	309	77
6	202001020302	张三	男	49	88	60	60	257	64
7	202001020303	刘建	男	55	60	61	80	256	64
8	202001020304	何好	女	73	80	51	50	254	64
9	202001020305	史舞	女	97	76	84	90	347	87
10	202001020306	南阳	女	64	68	90	80	302	76
11	202001020307	胡露	女	80	95	87	70	332	83
12	202001020308	赵伊	男	92	60	68	80	300	75

图 5-15　"与筛选 1"条件区域

	A	B	C	D	E	F	G	H	I
1	学号	姓名	性别	语文	数学	外语	体育	总分	平均分
2			男				>=80		
3									
4	学号	姓名	性别	语文	数学	外语	体育	总分	平均分
5	202001020301	王强	男	82	60	87	80	309	77
7	202001020303	刘建	男	55	60	61	80	256	64
12	202001020308	赵伊	男	92	60	68	80	300	75

图 5-16　"与筛选 1"工作表

	A	B	C	D	E	F	G	H	I
1	学号	姓名	性别	语文	数学	外语	体育	总分	平均分
2			男				>=80		
3									
4	学号	姓名	性别	语文	数学	外语	体育	总分	平均分
5	202001020301	王强	男	82	60	87	80	309	77
6	202001020302	张三	男	49	88	60	60	257	64
7	202001020303	刘建	男	55	60	61	80	256	64
8	202001020304	何好	女	73	80	51	50	254	64
9	202001020305	史舞	女	97	76	84	90	347	87
10	202001020306	南阳	女	64	68	90	80	302	76
11	202001020307	胡露	女	80	95	87	70	332	83
12	202001020308	赵伊	男	92	60	68	80	300	75
13									
14	学号	姓名	性别	语文	数学	外语	体育	总分	平均分
15	202001020301	王强	男	82	60	87	80	309	77
16	202001020303	刘建	男	55	60	61	80	256	64
17	202001020308	赵伊	男	92	60	68	80	300	75

图 5-17　"与筛选 2"工作表

7. 工作表"或筛选"的制作。

（1）新建工作表"或筛选"。

（2）将工作表"数据统计表"的单元格 A2:I10 复制到工作表"与筛选 2"的相应位置中。

（3）制作或筛选条件区域（单元格 A1:I3）。如图 5-18 所示。

	A	B	C	D	E	F	G	H	I
1	学号	姓名	性别	语文	数学	外语	体育	总分	平均分
2			男						
3							>=80		
4									
5	学号	姓名	性别	语文	数学	外语	体育	总分	平均分
6	202001020301	王强	男	82	60	87	80	309	77
7	202001020302	张三	男	49	88	60	60	257	64
8	202001020303	刘建	男	55	60	61	80	256	64
9	202001020304	何好	女	73	80	51	50	254	64
10	202001020305	史舞	女	97	76	84	90	347	87
11	202001020306	南阳	女	64	68	90	80	302	76
12	202001020307	胡露	女	80	95	87	70	332	83
13	202001020308	赵伊	男	92	60	68	80	300	75

图 5-18 "或筛选"条件区域

（4）单击"数据"选项卡"排序和筛选"选项组的"高级"按钮。实现按条件区域的或筛选，并选择将筛选结果复制到其他位置，如图 5-19 所示。观察工作表"与筛选 2"和工作表"或筛选"筛选结果的不同。

	A	B	C	D	E	F	G	H	I
1	学号	姓名	性别	语文	数学	外语	体育	总分	平均分
2			男						
3							>=80		
4									
5	学号	姓名	性别	语文	数学	外语	体育	总分	平均分
6	202001020301	王强	男	82	60	87	80	309	77
7	202001020302	张三	男	49	88	60	60	257	64
8	202001020303	刘建	男	55	60	61	80	256	64
9	202001020304	何好	女	73	80	51	50	254	64
10	202001020305	史舞	女	97	76	84	90	347	87
11	202001020306	南阳	女	64	68	90	80	302	76
12	202001020307	胡露	女	80	95	87	70	332	83
13	202001020308	赵伊	男	92	60	68	80	300	75
14									
15	学号	姓名	性别	语文	数学	外语	体育	总分	平均分
16	202001020301	王强	男	82	60	87	80	309	77
17	202001020302	张三	男	49	88	60	60	257	64
18	202001020303	刘建	男	55	60	61	80	256	64
19	202001020305	史舞	女	97	76	84	90	347	87
20	202001020306	南阳	女	64	68	90	80	302	76
21	202001020308	赵伊	男	92	60	68	80	300	75

图 5-19 "或筛选"工作表

四、课外练习

将本班学生上一学期的成绩汇总，并以此为数据源，练习各种排序和筛选操作。

实验 4 数据的管理与分析

一、实验目的

1. 熟练掌握数据的有效性设置方法。
2. 熟练掌握数据的合并计算方法。
3. 熟练掌握数据的分类汇总方法。

二、实验任务

1. 根据工作表"数据登记表 1"（如图 5-20 所示），利用数据的有效性，制作工作表"数据登记表 2"。

	A	B	C	D	E	F	G
1	成都市xx中学初一1班半期考试成绩登记表						
2	学号	姓名	性别	语文	数学	外语	体育
3	202001020301	王强	男	82	60	87	80
4	202001020302	张三	男	49	88	60	60
5	202001020303	刘建	男	55	60	61	80
6	202001020304	何好	女	73	80	51	50
7	202001020305	史舞	女	97	76	84	90
8	202001020306	南阳	女	64	68	90	80
9	202001020307	胡露	女	80	95	87	70
10	202001020308	赵伊	男	92	60	68	80

图 5-20 "数据登记表 1"工作表

2. 利用数据的合并计算功能，制作工作表"数据登记表 3"。
3. 利用分类汇总功能，制作工作表"分类汇总"。

三、实验步骤

1. 工作表"数据登记表 2"的制作。
（1）新建工作表"数据登记表 2"，内容如图 5-21 所示。
（2）单击"数据"选项卡"数据工具"选项组的"数据验证"按钮，实现"姓名"列按序列输入。选中 B3:B10，选"数据"选项卡"数据工具"选项组"数据验证"按钮的"来源"，输入：=成绩登记表 1!$B$3:$B$10。数据来源为工作表"数据登记表 1"中的"姓名"列。
（3）"性别"列允许输入任何值，但是输入时会有输入提示信息。如图 5-22 所示。

	A	B	C	D	E	F	G
1	成都市xx中学初一1班期末考试成绩登记表						
2	学号	姓名	性别	语文	数学	外语	体育
3	202001020301						
4	202001020302						
5	202001020303						
6	202001020304						
7	202001020305						
8	202001020306						
9	202001020307						
10	202001020308						

图 5-21 新建"数据登记表 2"工作表

图 5-22 "输入信息"选项卡

（4）4科（语文、数学、外语、体育）成绩列允许输入 0 到 100 范围内的整数。如果输入值不在规定范围内，会有出错警告。出错警告设置如图 5-23 所示。输入错误时，提示窗口如图 5-24 所示。

微视频 5-6：
数据验证

图 5-23 "出错警告"选项卡

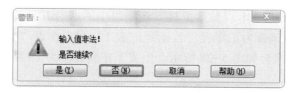

图 5-24 "警告"窗口

（5）如果在 D4 和 F4 中非法输入后选择"是"，输入后最终效果如图 5-25 所示。如果在"出错警告"的"样式"中选择"停止"，则不允许非法输入。

	A	B	C	D	E	F	G
1	成都市xx中学初一1班期末考试成绩登记表						
2	学号	姓名	性别	语文	数学	外语	体育
3	202001020301	王强	男	59	80	70	80
4	202001020302	张三	男	111	-4	59	60
5	202001020303	刘建	男	95	45	60	60
6	202001020304	何好	女	66	99	99	70
7	202001020305	史舞	女	72	83	89	90
8	202001020306	南阳	女	65	75	95	80
9	202001020307	胡露	女	45	55	61	60
10	202001020308	赵伊	男	87	70	50	60

图 5-25 修改后的"数据登记表 2"工作表

（6）利用"数据"选项卡"数据工具"选项组"数据验证"下拉菜单中的"圈释无效数据"选项，将 4 科成绩中不正确的数据圈释出来。然后将无效数据重新输入，输入值均为 0。如图 5-26 所示。

	A	B	C	D	E	F	G
1	成都市xx中学初一1班期末考试成绩登记表						
2	学号	姓名	性别	语文	数学	外语	体育
3	202001020301	王强	男	59	80	70	80
4	202001020302	张三	男	0	0	59	60
5	202001020303	刘建	男	95	45	60	60
6	202001020304	何好	女	66	99	99	70
7	202001020305	史舞	女	72	83	89	90
8	202001020306	南阳	女	65	75	95	80
9	202001020307	胡露	女	45	55	61	60
10	202001020308	赵伊	男	87	70	50	60

图 5-26 "数据登记表 2"工作表

2. 工作表"数据登记表 3"的制作。

（1）新建工作表"数据登记表 3"，内容如图 5-27 所示。

	A	B	C	D	E	F	G
1	成都市xx中学初一1班总分登记表						
2	学号	姓名	性别	语文	数学	外语	体育
3	202001020301	王强	男				
4	202001020302	张三	男				
5	202001020303	刘建	男				
6	202001020304	何好	女				
7	202001020305	史舞	女				
8	202001020306	南阳	女				
9	202001020307	胡露	女				
10	202001020308	赵伊	男				

图 5-27 新建"数据登记表 3"工作表

（2）单击"数据"选项卡"数据工具"选项组中的"合并计算"按钮，实现所有成绩按平均分合并，数据来源为工作表"数据登记表 1"和工作表"数据登记表 2"中的 4 科成绩。"合并计算"窗口如图 5-28 所示。生成工作表如图 5-29 所示。

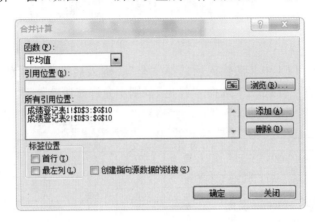

微视频 5-7：
数据合并

图 5-28 "合并计算"窗口

	A	B	C	D	E	F	G
1	成都市xx中学初一1班总分登记表						
2	学号	姓名	性别	语文	数学	外语	体育
3	202001020301	王强	男	70.5	70	78.5	80
4	202001020302	张三	男	24.5	44	59.5	60
5	202001020303	刘建	男	75	52.5	60.5	70
6	202001020304	何好	女	69.5	89.5	75	60
7	202001020305	史舞	女	84.5	79.5	86.5	90
8	202001020306	南阳	女	64.5	71.5	92.5	80
9	202001020307	胡露	女	62.5	75	74	65
10	202001020308	赵伊	男	89.5	65	59	70

图 5-29 修改后的"数据登记表 3"工作表

（3）利用"设置单元格格式"选项，将 4 科成绩取整。如图 5-30 所示。

	A	B	C	D	E	F	G
1	成都市xx中学初一1班总分登记表						
2	学号	姓名	性别	语文	数学	外语	体育
3	202001020301	王强	男	71	70	79	80
4	202001020302	张三	男	25	44	60	60
5	202001020303	刘建	男	75	53	61	70
6	202001020304	何好	女	70	90	75	60
7	202001020305	史舞	女	85	80	87	90
8	202001020306	南阳	女	65	72	93	80
9	202001020307	胡露	女	63	75	74	65
10	202001020308	赵伊	男	90	65	59	70

图 5-30 "数据登记表 3"工作表

3. 工作表"分类汇总"的制作。

（1）根据工作表"数据登记表 3"，新建工作表"分类汇总"，内容如图 5-31 所示。

	A	B	C	D	E	F	G
1							
2	学号	姓名	性别	语文	数学	外语	体育
3	202001020301	王强	男	71	70	79	80
4	202001020302	张三	男	25	44	60	60
5	202001020303	刘建	男	75	53	61	70
6	202001020304	何好	女	70	90	75	60
7	202001020305	史舞	女	85	80	87	90
8	202001020306	南阳	女	65	72	93	80
9	202001020307	胡露	女	63	75	74	65
10	202001020308	赵伊	男	90	65	59	70

图 5-31　新建"分类汇总"工作表

（2）将数据按照"性别"列升序排序（男在前，女在后）。如图 5-32 所示。

	A	B	C	D	E	F	G
1							
2	学号	姓名	性别	语文	数学	外语	体育
3	202001020301	王强	男	71	70	79	80
4	202001020302	张三	男	25	44	60	60
5	202001020303	刘建	男	75	53	61	70
6	202001020308	赵伊	男	90	65	59	70
7	202001020304	何好	女	70	90	75	60
8	202001020305	史舞	女	85	80	87	90
9	202001020306	南阳	女	65	72	93	80
10	202001020307	胡露	女	63	75	74	65

图 5-32　修改后的"分类汇总"工作表

（3）单击"数据"选项卡"分级显示"选项组中的"分类汇总"按钮，按照平均值，对语文、数学和外语成绩汇总。"分类汇总"窗口如图 5-33 所示。最终效果如图 5-34 所示。

图 5-33　"分类汇总"窗口

		A	B	C	D	E	F	G
	1							
	2	学号	姓名	性别	语文	数学	外语	体育
	3	202001020301	王强	男	71	70	79	80
	4	202001020302	张三	男	25	44	60	60
	5	202001020303	刘建	男	75	53	61	70
	6	202001020308	赵伊	男	90	65	59	70
	7			男 平均值	65	58	64	
	8	202001020304	何好	女	70	90	75	60
	9	202001020305	史舞	女	85	80	87	90
	10	202001020306	南阳	女	65	72	93	80
	11	202001020307	胡露	女	63	75	74	65
	12			女 平均值	70	79	82	
	13			总计平均值	68	68	73	

图 5-34　"分类汇总"工作表

四、课外练习

将本班学生上一学期的成绩汇总，在数据录入中，利用数据的有效性限制不合理数据的录入。再创建一个分类汇总表。

实验 5　数据图表化

一、实验目的

1. 掌握图表的常见类型。
2. 熟练掌握创建图表的方法。
3. 熟练掌握修改图表的方法。

二、实验任务

1. 根据工作表"成绩．登记表"（如图 5-35 所示），制作工作表"柱形图"，实现语文、数学和外语成绩的统计。
2. 制作工作表"折线图"，实现语文和数学成绩的统计。
3. 制作工作表"条形图"，实现语文、数学和体育成绩的统计。
4. 制作工作表"饼图"，实现参与体育项目的统计。

	A	B	C	D	E	F	G
1			成都市xx中学初一1班半期考试成绩登记表				
2	学号	姓名	性别	语文	数学	外语	体育
3	202001020301	王强	男	82	60	87	80
4	202001020302	张三	男	49	88	60	60
5	202001020303	刘建	男	55	60	61	80
6	202001020304	何好	女	73	80	51	50
7	202001020305	史舞	女	97	76	84	90
8	202001020306	南阳	女	64	68	90	80
9	202001020307	胡露	女	80	95	87	70
10	202001020308	赵伊	男	92	60	68	80

图 5-35　"成绩登记表"工作表

三、实验步骤

1. 工作表"柱形图"的制作。

（1）新建工作表"柱形图"。

（2）将工作表"成绩登记表"单元格 A2:F10 复制到工作表"柱形图"的相应位置。如图 5-36 所示。

（3）选择"插入"选项卡"图表"选项组右下三角"查看所有图表"中选"所有图表"下"柱形图"的"堆积柱形图"选项。

（4）选择"图表工具→设计"选项卡"图表布局"下"快速布局"的"布局1"。

（5）修改图表标题为"语数外成绩统计表"。

（6）单击"图表工具→设计"选项卡"数据"选项组中的"选择数据"按钮。

（7）在弹出的"选择数据源"窗口中，选"水平（分类）轴标签"下的"编辑"，调整"水平（分类）轴标签"的值为 B3:B10，单击"确定"按钮，结果如图 5-37 所示。

（8）制作完成的"柱形图"工作表如图 5-38 所示。

	A	B	C	D	E	F
1						
2	学号	姓名	性别	语文	数学	外语
3	202001020301	王强	男	82	60	87
4	202001020302	张三	男	49	88	60
5	202001020303	刘建	男	55	60	61
6	202001020304	何好	女	73	80	51
7	202001020305	史舞	女	97	76	84
8	202001020306	南阳	女	64	68	90
9	202001020307	胡露	女	80	95	87
10	202001020308	赵伊	男	92	60	68

图 5-36　新建"柱形图"工作表

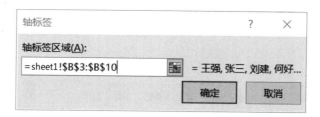

图 5-37　"轴标签"窗口

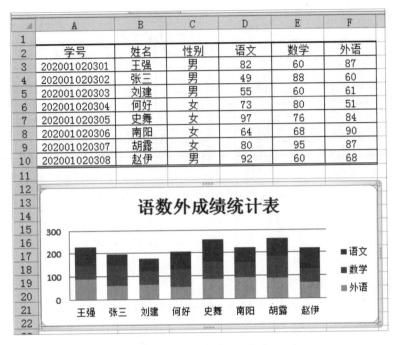

图 5-38　"柱形图"工作表

2. 工作表"折线图"的制作。

（1）新建工作表"折线图"。

（2）将工作表"柱形图"的图表复制到新建的工作表"折线图"中。

（3）单击"图表工具→设计"选项卡"类型"选项组中的"更改图表类型"按钮。

（4）在弹出的"更改图表类型"窗口中，选择折线图中的"带数据标记的折线图"。

分别选择各折线图的折线，在弹出的"设计数据系列格式"中选择"^平滑线"选项，如图 5-39 所示。

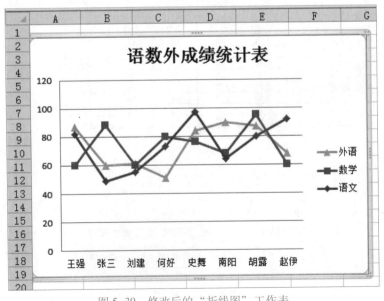

微视频 5-8：
图形的建立与美化

图 5-39　修改后的"折线图"工作表

（5）单击"图表工具→设计"选项卡"数据"选项组中的"选择数据"按钮。

（6）在弹出的"选择数据源"窗口中，删除"图例项（系列）"中的"外语"。

（7）修改图表标题为"语数成绩统计表"。如图 5-40 所示。

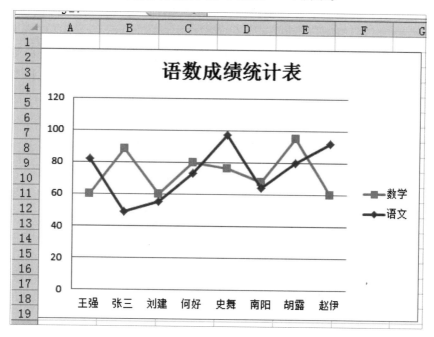

图 5-40 "折线图"工作表

3. 工作表"条形图"的制作。

（1）选择"插入"选项卡"图表"选项组右下三角的"查看所有图表"，然后选择"条形图"下"条形图"的"簇状条形图"选项。

（2）单击"图表工具→设计"选项卡"数据"选项组"选择数据"按钮。

（3）在弹出的"选择数据源"窗口中，通过对"水平（分类）轴标签"和"数据项（序列）"编程，选择工作表"成绩登记表"中的"姓名"列，"语文"列和"数学"列。"选择数据源"窗口如图 5-41 所示。

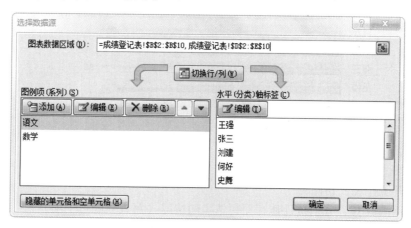

图 5-41 "选择数据源"窗口

（4）选择"图表工具→设计"选项卡"图表布局"下"快速布局"的"布局2"。

（5）选择"图表工具→设计"选项卡"图表样式"选项组中的"样式1"。

（6）单击"图表工具→设计"选项卡"数据"选项组中的"选择数据"按钮。

（7）在弹出的"选择数据源"窗口中，单击"添加"按钮，为"图例项（系列）"添加"体育"项。

（8）在弹出的"编辑数据系列"窗口中，"系列名称"选择工作表"成绩登记表"单元格G2；"系列值"选择工作表"成绩登记表"单元格G3：G10。如图5-42所示。

图5-42 "编辑数据系列"窗口

（9）修改图表标题为"语数体成绩统计表"。

（10）选择"图表工具→设计"选项卡"图表样式"中的"样式5"，再选择"图表布局"中"添加图表元素"的"数据标签"的"数据标签外"选项，修改后的"条形图"工作表如图5-43所示。

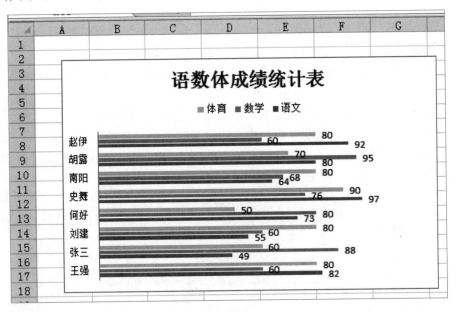

图5-43 "条形图"工作表

4. 工作表"饼图"的制作。

（1）打开工作表"饼图"。

（2）利用函数IF，分别统计体育项目选项的情况（每人只能选一项）。

（3）利用函数SUM，计算体育项目总计结果。如图5-44所示。

	A	B	C	D	E	F
1						
2	学号	姓名	体育项目	足球	篮球	排球
3	202001020301	王强	足球	1	0	0
4	202001020302	张三	篮球	0	1	0
5	202001020303	刘建	排球	0	0	1
6	202001020304	何好	足球	1	0	0
7	202001020305	史舞	排球	0	0	1
8	202001020306	南阳	排球	0	0	1
9	202001020307	胡露	篮球	0	1	0
10	202001020308	赵伊	篮球	0	1	0
11			总计	2	3	3

图 5-44　修改后的"饼图"工作表

（4）根据前面提到的图表制作方法，将图表制作成如图 5-45 所示的饼图。

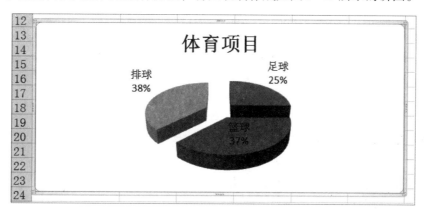

图 5-45　"饼图"工作表

四、课外练习

针对本班级上一学期的成绩汇总结果，分别通过柱形图、折线图、饼图和条形图进行分析。比较各种图表的特点。

在本班级进行一次投票，根据统计人数，制作一个饼图。

第 6 章　Microsoft PowerPoint 2016

实验 1　幻灯片设计——素材与布局

一、实验目的

1. 熟练掌握演示文稿的创建、编辑和修改方法。
2. 了解演示文稿的图、文、表混排方法。
3. 熟练掌握超链接的创建和编辑方法。
4. 熟练掌握幻灯片母版的编辑方法。
5. 熟练掌握幻灯片的手动播放方法。

二、实验任务

制作一份"计算机简介"的演示文稿，其样张如图 6-1 所示。

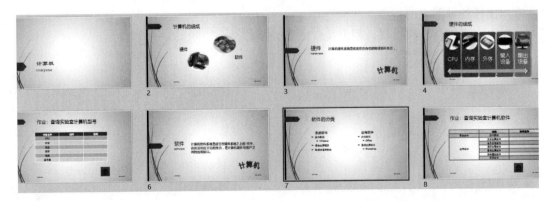

图 6-1　"计算机简介"演示文稿

三、实验步骤

1. 准备素材。

制作图 6-1 所示的演示文稿需要准备图 6-2 所示的素材。

图 6-2　素材图汇总

2. 整体要求。

（1）利用"设计"选项卡"自定义"选项组中的"幻灯片大小"，将幻灯片设置为"宽屏(16:9)"，在"主题"选项组中选"丝状"主题，在"变体"选项组中选"颜色"为"气流"，选"背景样式"为"样式 10"。

（2）利用"开始"选项卡"幻灯片"选项组中的"新建幻灯片"下拉菜单，分别将 8 张幻灯片设计如下。

➢ 第 1 张幻灯片为"标题幻灯片"。

➢ 第 2、4、5 张幻灯片为"仅标题"。

➢ 第 3、6 张幻灯片为"节标题"。

➢ 第 7 张幻灯片为"比较"。

➢ 第 8 张幻灯片为"标题和内容"。

微视频 6-1：
新幻灯片的创建

制作小技巧

☞ 制作完一张幻灯片后可以按快捷组合键 Ctrl+N 创建新的幻灯片，然后再调整"幻灯片"选项组中的"版块"。

3. 具体要求。

（1）第 1 张幻灯片中标题为"计算机"，副标题为"computer"。

（2）第 2 张幻灯片中标题为"计算机的组成"。选择"插入"选项卡"文本"组中的"文本框"命令中的"横排文本框"，分别插入文本"硬件"和"软件"，字体为"幼圆"，字号为"32 号"，加文字阴影。选"插入"选项卡"图像"组中的"图片"按钮，分别插入图片"硬件 . jpg"和"软件 . jpg"，并使用"图片工具→格式"的"图片样式"中的"柔化边缘椭圆"选项将幻灯片设置成如图 6-3 所示的样式。

（3）第 3 张幻灯片中标题为"硬件"，副标题为"hardware"。插入一个横排文本框，

图 6-3 第 2 张幻灯片"计算机的组成"

并调整文本框水平位置为 12 厘米，垂直位置为 8.5 厘米。文字字体为微软雅黑，字号为 24 号。文字内容为：计算机硬件系统是实实在在存在的物理部件集合。文字颜色为默认黑色。

（4）第 4 张幻灯片中的标题为"硬件的组成"，选择"插入"选项卡"插图"组中的"SmartArt"中的"连续图片列表"选项。如图 6-4 所示。并设置图形高度为 12 厘米，宽度为 24 厘米，水平位置为 6 厘米，垂直位置为 5 厘米。更改颜色为"渐变范围-个性色 1"。SmartArt 样式为卡通样式。插入文字"CPU""内存""外存""输入设备"和"输出设备"，对应图片为"cpu. jpg""内存 . jpg""外存 . jpg""输入设备 . jpg"和"输出设备 . jpg"。图片均用默认格式。

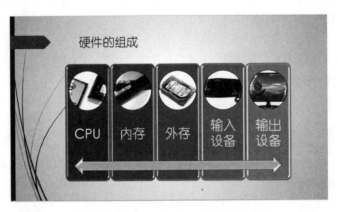

图 6-4 第 4 张幻灯片"硬件的组成"

（5）第 5 张幻灯片中标题为"作业：查询实验室计算机型号"。然后在下方插入一个表格，表格样式为默认。表格尺寸为：高 8 厘米，宽 20 厘米。表格对齐方式为：居中，垂直居中。排列对齐方式为：左右居中，上下居中，如图 6-5 所示。

（6）第 6 张幻灯片中标题为"软件"，副标题为"software"。插入一个横排文本框，并调整文本框的水平位置为 12 厘米，垂直位置为 8.5 厘米。文字字体为微软雅黑，字号为 24 号。文字内容为：计算机软件系统是建立在硬件系统之上的程序、数据及相应文档

图 6-5 第 5 张幻灯片"作业：查询实验室计算机型号"

的集合，是计算机硬件与用户之间的应用接口。文字颜色为默认黑色。将其中的文字"程序""数据"和"相应文档"的颜色变为标准色-红色。

（7）第 7 张幻灯片中标题为"软件的分类"，设计效果如图 6-6 所示。

图 6-6 第 7 张幻灯片"软件的分类"

制作小技巧

☞当需要在文本框中输入的内容为二级文本时，只需按 Tab 键即可。如果需要将二级文本改为一级文本，则按 Shift+Tab 组合键。

（8）第 8 张幻灯片标题为"作业：查询实验室计算机软件"，插入一个 3 列 8 行表格。再单击"表格工具→布局"选项卡"合并"组中的"合并单元格"按钮，将表格设计成如图 6-7 所示的样式。"表格样式"为：浅色样式 3-强调 1。修改表格第 1 行的底纹为纹理"蓝色面巾纸"。表格对齐方式为：居中，垂直居中。其他均为默认值。

4. 插入超链接。

（1）在第 2 张幻灯片中给文字"硬件"文本框及"硬件"图片插入超链接，将其链接到本幻灯片第 3 张。

（2）在第 2 张幻灯片中给文字"软件"文本框及"软件"图片插入超链接，将其链接到本幻灯片第 6 张。

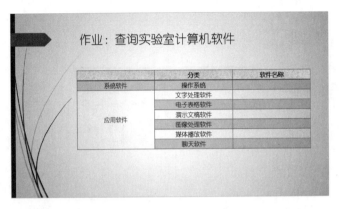

图 6-7 第 8 张幻灯片"作业：查询实验室计算机软件"

（3）在第 5 张和第 8 张幻灯片中插入动作按钮，"动作按钮：第一张"。设置按钮的"形状样式"为"强烈效果-蓝色，强调颜色 1"。高度 2.5 厘米，宽度 2.5 厘米。位置"水平"为 25 厘米，"垂直"为 15 厘米。均超链接到第 2 张幻灯片。

制作小技巧

☞ 如果制作的超链接都是相同的，则没必要每张都制作。只需制作一个，然后依次按 Ctrl+C（复制）键，Ctrl+V（粘贴）键即可实现，并且这样制作出来的每个链接的位置和形状完全一致。

5. 幻灯片后期制作。

（1）幻灯片母版设计

如果对幻灯片整体设置不太满意，可以在幻灯片母版中进一步修改。例如，需要在所有标题幻灯片中添加一幅图片。

（2）修改所有标题幻灯片的设置。母版标题设置为：隶书，48 号。颜色为"标准色-蓝色"。副标题设置为：楷体，英文为 Times New Roman，28 号。颜色为"标准色-浅蓝"。字符间距为：稀疏。

（3）在幻灯片母版的节标题右下角插入艺术字"计算机"，如图 6-8 所示。艺术字样式为：图案填充-蓝色，个性色 1，50%，清晰阴影-个性色 1。文本效果为：转换-跟随路径-上弯弧。高度为 3 厘米，宽度为 7 厘米，水平位置为 25 厘米，垂直位置为 1.5 厘米。

图 6-8 幻灯片母版—节标题

这样，在所有节标题幻灯片中，右下角都会出现艺术字"计算机"了。如图 6-1 所示。关闭母版视图。

（4）下面来为幻灯片添加日期，如图 6-9 所示。

➢ 单击"插入"选项卡"文本"选项组中的"日期和时间"按钮。

➢ 在弹出的"页眉和页脚"窗口中选择"幻灯片"选项卡，勾选中"日期和时间"前的复选框，单击选中"自动更新"单选按钮。

➢ 勾选"页脚"前的复选框，添加文字"幻灯片实训"。

➢ 勾选"标题幻灯片中不显示"前的复选框。

➢ 单击"全部应用"按钮。

图 6-9　"页眉和页脚"窗口

这样，除了标题页以外的所有幻灯片左下角都有文字"幻灯片实训"，右下角都有日期了。

6. 幻灯片的播放。

（1）手动播放。

➢ 单击"幻灯片放映"选项卡"开始放映幻灯片"选项组中"从头开始"按钮，或者直接按功能键 F5 就可以播放了。播放时，注意检查所有超链接是否正确。

➢ 单击"幻灯片放映"选项卡"开始放映幻灯片"选项组中"从当前幻灯片开始"按钮，或者直接按 Shift+F5 组合键，可以从当前幻灯片开始播放。还有一种方式是单击演示文稿最底端的"幻灯片放映"按钮，也可以从当前幻灯片开始播放。

（2）自动播放。

具体操作步骤参看"实验 3. 幻灯片切换与放映"。

7. 幻灯片的隐藏。

如果有不需要使用的幻灯片，但又不愿意将其删除，可以在演示文稿左侧的缩略图中，选中幻灯片，右击鼠标，选择"隐藏幻灯片"选项即可。用这个方法隐藏第 4 张幻灯片"硬件的分类"和第 7 张幻灯片"软件的分类"，然后重新播放幻灯片，看一看能否找到"硬件的分类"这张幻灯片？

完成后，还原所有被隐藏的幻灯片，使之可见。

四、课外练习

制作一个关于"个人介绍""我的大学"或者"我的家乡"的演示文稿，要求幻灯片在 5 张以上，要有目录和超链接，图、文、表混排。

实验 2　幻灯片动画设计

一、实验目的

1. 熟练掌握在演示文稿中插入音乐的方法。
2. 熟练掌握幻灯片内动画的设置方法。

二、实验任务

制作一份关于"《枫桥夜泊》诗词赏析"的演示文稿，其样张如图 6-10 所示：

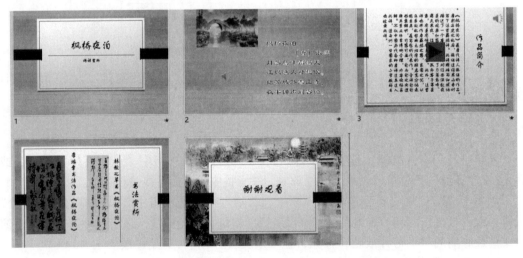

图 6-10　"《枫桥夜泊》诗词赏析"演示文稿

三、实验步骤

1. 准备素材。

该演示文稿需要准备的素材为：两幅书法图片、两幅风景图片以及"音乐-枫桥夜泊 . mp3""有声读物-枫桥夜泊 . mp3"和"作品简介 . txt"。

2. 整体要求。

（1）选择"设计"选项卡"主题"选项组中的"纸张"主题。

（2）利用"开始"选项卡"幻灯片"选项组中的"新建幻灯片"下拉菜单，分别将 5 张幻灯片设计如下。

> 第 1 张幻灯片为"标题幻灯片"。
> 第 2 张幻灯片为"空白"。
> 第 3 和第 4 张幻灯片为"垂直排列标题与文本"。
> 第 5 张幻灯片为"标题幻灯片"。

微视频 6-2：
幻灯片母版设计

（3）幻灯片母版设计，使第 1 和第 5 张幻灯片标题文字颜色动态变换。

① 单击"视图"选项卡"母版视图"选项组中的"幻灯片母版"按钮。

② 在左侧选择"标题幻灯片 版式：由幻灯片 1，5 使用"。

③ 选择中间文本编辑区域"单击此处编辑母版标题样式"，选择"动画"选项卡"动画"选项组中的下拉菜单，选择"强调→字体颜色"。

④ 选择"动画"选项卡"动画"选项组中的"效果选项"下拉菜单，选择"主题颜色"第 1 行中的最后一个。

⑤ 修改"动画"选项卡"计时"选项组中"开始"为"上一动画之后"，"持续时间"为 2.00 秒，"延迟"为 0.00 秒。如图 6-11 所示。

⑥ 关闭母版视图。

图 6-11　"动画"选项卡"计时"选项组设置

3. 具体要求。

（1）第 1 张幻灯片中标题为"枫桥夜泊"，副标题为"诗词赏析"。

（2）第 2 张幻灯片如图 6-12 所示。

① 在幻灯片左上角插入"图片 1. jpg"，高度为 6. 6 厘米，宽度为 10 厘米，水平位置为 2 厘米，垂直位置为 2 厘米。

② 在幻灯片右下角插入"艺术字"第 3 排第 4 个"填充-白色，轮廓-着色 2，清晰阴影-着色 2"，输入唐诗《枫桥夜泊》，高度为 10 厘米，宽度为 11 厘米，水平位置为 13 厘米，垂直位置为 7 厘米。注意，输入第 2 行的格式是"右对齐"。

③ 将第 2 步创建的艺术字复制粘贴一份，放在同一位置，并将"艺术字样式"修改为第 3 排第 2 个"填充-黑色，文本 1，轮廓-背景 1，清晰阴影-着色 1"。

图 6-12　第 2 张幻灯片"有声读物–枫桥夜泊"

④ 选择"插入"选项卡"媒体"选项组"音频"下拉菜单中的"PC 上的音频"选项，插入素材文件"朗读–枫桥夜泊.mp3"。设置音频文件的"音频选项"为开始时"自动"，勾选"放映时隐藏"，设置"音频样式"为"在后台播放"，并记录每一句诗词出现和持续的时间。如表 6-1 所示。

表 6-1　《枫桥夜泊》中每句诗词的出现和持续时间统计

诗 词 内 容	出现的时间/秒	持续的时间/秒
枫桥夜泊	2.00	2.00
（唐）张继	4.00	2.00
月落乌啼霜满天，	7.00	4.00
江枫渔火对愁眠。	11.00	5.00
姑苏城外寒山寺，	16.00	5.00
夜半钟声到客船。	21.00	5.00

⑤ 单击"动画"选项卡"高级动画"选项组中的"动画窗格"按钮。在弹出的"动画窗格"窗口中，选择"朗诵–枫桥夜泊.mp3"，修改"动画"选项卡"计时"选项组中"开始"为"与上一动画同时"。

⑥ 选择图 6-12 中右下角的诗词，并按照表 6-1 制作动画。注意，是用鼠标单击边框处，不是用鼠标拖动边框，否则，所有诗词都会被选中。

⑦ 选择"动画"选项卡"动画"选项组中的"进入→擦除"选项。单击"效果选项"，在弹出的下拉菜单中，选择"自左侧"选项。

⑧ 单击"动画窗格"窗口中的"枫桥夜泊"，修改"动画"选项卡"计时"选项组中"开始"为"与上一动画同时"，"持续时间"为表 6-1 中第 3 列第 1 行的值 2.00 秒，"延迟"为表 6-1 中第 2 列第 1 行的值 2.00 秒。

⑨ 用与步骤⑧同样的方法，制作后面所有行的动画。

制作好后的"动画窗格"窗口演示效果如图 6-13 所示。

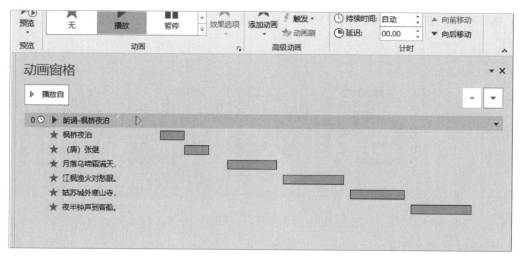

图 6-13　"动画窗格"窗口演示效果图

（3）第 3 张幻灯片如图 6-14 所示。

图 6-14　第 3 张幻灯片"作品简介"

① 设置"标题"为"作品简介"，文本为素材"作品简介.txt"中的内容。

② 选择"插入"选项卡"媒体"选项组中"音频"下拉菜单中的"PC 上的音频"，插入素材文件"音乐-枫桥夜泊.mp3"。

③ 单击"音频工具→播放"选项卡"编辑"选项组中"剪裁音频"按钮。在弹出的"剪裁音频"窗口中，将结束时间设置为 40 秒，如图 6-15 所示。选中"音频工具→播放"选项卡，设置音频文件的"音频选项"为"自动"开始，勾选"在后台播放"和"放映时隐藏"选项。

④ 选择"开始"选项卡"绘图"选项组中的"形状→动作按钮：前进或下一项"选

项。将该按钮放在整个幻灯片的正中间。即"对齐"方式选"左右居中",再选"上下居中"。

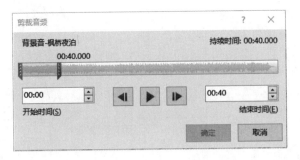

图6-15 "剪裁音频"窗口设置

⑤ 按照表6-2设置动画。

表6-2 第3张幻灯片动画设置

内 容	动 画	开 始	持续时间/秒	延迟/秒
音乐-枫桥夜泊		与上一动画同时	自动	0.00
标题	进入-上浮	与上一动画同时	5.00	0.00
垂直文本	进入-擦除-自右侧	与上一动画同时	30.00	2.00
标题	退出-淡出	与上一动画同时	2.00	32.00
垂直文本	退出-飞出	与上一动画同时	11.00	34.00
动作按钮	进入-淡出	与上一动画同时	2.00	45.00

(4)第4张幻灯片中如图6-16所示。

图6-16 第4张幻灯片"书法赏析"

① 标题为"书法赏析",删除"竖排文本"。再依次从右至左完成图6-16左侧的内容。

② 选择"开始"选项卡"绘图"选项组中的"形状→竖排文本框"选项,在新建的文本框中输入"林散之草书《枫桥夜泊》"。

③ 插入素材图片"书法1.jpg"。

④ 选择"开始"选项卡"绘图"选项组中的"形状→竖排文本框"选项，在新建的文本框中输入"李鸿章书法作品《枫桥夜泊》"。

⑤ 插入素材图片"书法 2.jpg"。

⑥ 按照表 6-3 设置动画。

表 6-3　第 4 张幻灯片动画设置

内　容	动　画	开　始	持续时间/秒	延迟/秒
标题	进入-上浮	上一动画之后	1.00	0.00
林散之草书《枫桥夜泊》	进入-擦除-自顶部	上一动画之后	2.00	0.00
书法 1	进入-楔入	上一动画之后	5.00	0.00
李鸿章书法作品《枫桥夜泊》	进入-擦除-自顶部	上一动画之后	2.00	0.00
书法 2	进入-圆形扩展	上一动画之后	5.00	0.00

（5）第 5 张幻灯片中标题为"谢谢观看"，删除副标题。在幻灯片任意位置右击鼠标，选择"设计"选项卡"自定义"组中的"设置背景格式"选项，在弹出的"设置背景格式"窗格中，选择"图片或纹理填充"→"插入"→选择素材文件"图片 2.jpg"。这样，就为最后一张幻灯片更改了背景图片。

四、课外练习

制作一个自己最喜欢的诗词的演示文稿，要求幻灯片在 5 张以上，有音频文件，并且每一张幻灯片都有动画。

实验 3　幻灯片切换与放映

一、实验目的

1. 熟练掌握幻灯片之间动画的设置方法。
2. 熟练掌握演示文稿中的自动放映方法。

二、实验任务

修改一份"梅花鹿"的演示文稿，使之"动"起来。其样张如图 6-17 所示。

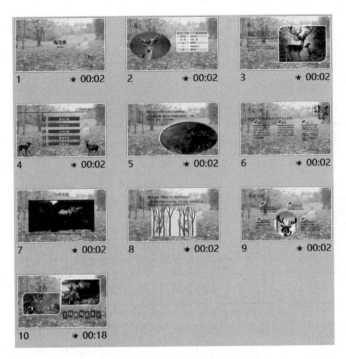

图 6-17 "梅花鹿"演示文稿

三、实验步骤

1. 准备素材。

该演示文稿需要准备素材：梅花鹿 . pptx、铃声 . wav。

2. 幻灯片切换。

（1）选中幻灯片 1，并做如下设置。

➤ 选择"切换"选项卡"切换到此幻灯片"选项组中的"随机线条"选项。如图 6-18 所示。

➤ 选择"切换"选项卡"切换到此幻灯片"选项组"效果选项"下拉菜单中的"垂直"选项。

➤ 选择"切换"选项卡"计时"选项组中的"换片方式"，取消勾选"单击鼠标时"前的复选框，勾选"设置自动换片时间"前的复选框，将时间设置为 2 秒钟。如图 6-19 所示。

➤ 选择"切换"选项卡"计时"选项组中"全部应用"按钮。

➤ 单击"幻灯片放映"按钮或者按功能键 F5，查看播放效果。

➤ 按照上面的步骤，对幻灯片 2~10 做相应的修改。

（2）幻灯片 2：选择"切换"选项卡"切换到此幻灯片"选项组中的"溶解"选项。

（3）幻灯片 3：选择"蜂巢"选项。

（4）幻灯片 4：选择"涟漪"选项。

（5）幻灯片 5：选择"闪耀"选项。

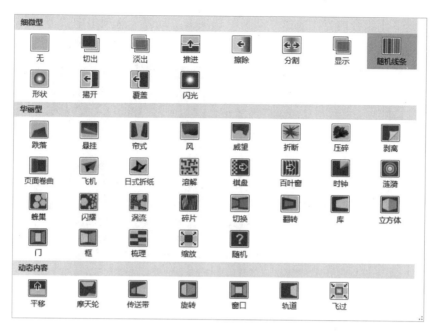

图 6-18　"随机线条"选项

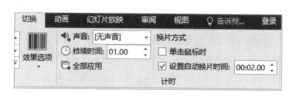

图 6-19　"切换"选项卡"计时"选项组设置

（6）幻灯片 6：选择"涡流"选项。

（7）幻灯片 7：选择"缩放"选项。

（8）幻灯片 8：选择"摩天轮"选项。

（9）幻灯片 9：选择"传送带"选项。

（10）幻灯片 10：选择"轨道"选项，选择"切换"选项卡"计时"选项组中的"换片方式"，勾选"设置自动换片时间"前的复选框，将时间设置为 18 秒。

3. 单击"幻灯片放映"按钮或者按功能能键 F5，查看播放效果。

4. 在幻灯片切换中插入切换声音。

（1）对第 1 张幻灯片，单击"切换"选项卡"计时"选项组中"声音"选项右边的下拉按钮，在下拉菜单中选择"其他声音"选项，添加素材文件"铃声 . wav"。

（2）单击"幻灯片放映"按钮或者按功能能键 F5，查看播放效果。

5. 幻灯片之间的切换。

（1）选择第 6 张幻灯片。

➢ 选中左下角"春季"的所有内容，注意：共有 3 处需要选择。如图 6-20 所示。

➢ 在选中内容之右击鼠标，选择"组合"选项，使之成为一个整体。

➢ 用同样的方法，组合"夏秋季"和"冬季"的内容。

➢ 选中这 3 个组合内容，选择"动画"选项卡"动画"选项组中"浮入"选项。

➢ 将"春季"组合内容的动画效果由"单击时"改为"上一动画之后"。

图 6-20　第 6 张幻灯片中的选中操作

（2）选择第 10 张幻灯片。

➢ 选中右下角的几张图片"THANKS～"，单击"动画"选项卡"动画"选项组中的下拉按钮，选择下拉列表中的"更多进入效果"选项。

➢ 选择弹出的"更改进入效果"窗口中选择"下拉"选项，单击"确定"按钮。

➢ 单击"动画"选项卡"高级动画"选项组中的"动画窗格"按钮。

➢ 调整字母动画的顺序，使之按照 T→H→A→N→K→S→～ 的顺序播放动画。

➢ 将字母"T"的动画效果由"单击时"改为"上一动画之后"。

➢ 单击"幻灯片放映"按钮或者按功能键 F5，查看播放效果。这时，我们可以发现在最后几页就没有音乐了。怎么修改呢？

（3）单击第 1 张幻灯片，然后单击"切换"选项卡"计时"选项组中"声音"选项右边的下拉按钮，在下拉菜单中选择"播放下一段声音之前一直循环"选项。

（4）单击"幻灯片放映"按钮或者按功能键 F5，查看播放效果。

四、课外练习

制作一个介绍 Office 办公软件的演示文稿，要求幻灯片在 5 张以上，使用幻灯片内切换效果和幻灯片之间切换效果。

第7章 程序设计基础与数据库基础

一、实验目的

1. 掌握使用 Raptor 软件进行顺序结构流程图编程的方法。
2. 掌握使用 Raptor 软件进行分支结构流程图编程的方法。
3. 掌握使用 Raptor 软件进行循环结构流程图编程的方法。
4. 熟练运用 FreeMind 工具绘制思维导图的方法。
5. 熟练使用 XMind 工具绘制鱼骨图的方法。

二、实验任务

1. 使用 Raptor 软件进行顺序结构流程图编程。
2. 使用 Raptor 软件进行分支结构流程图编程。
3. 使用 Raptor 软件进行循环结构流程图编程。
4. 使用 FreeMind 工具绘制思维导图。
5. 使用 XMind 工具绘制鱼骨图。

三、实验步骤

1. 用 Raptor 流程图编程实现：输入任意一个三角形的 3 条边长 a、b、c，利用海伦—秦九韶公式计算并输出该三角形的面积。海伦—秦九韶公式为：

半周长 $s = (a+b+c)/2$

面积 $area = \sqrt{s(s-a)(s-b)(s-c)}$

① 启动 Raptor 软件。

② 使用输入语句输入三角形 3 条边 a、b、c 的长度。

③ 使用赋值语句，根据公式 $s=(a+b+c)/2$ 计算半周长 s。

④ 使用赋值语句，根据公式 $area=\sqrt{s(s-a)(s-b)(s-c)}$ 计算三角形面积 $area$。

⑤ 使用输出语句打印计算结果。得到完整的流程图，如图 7-1 所示。

⑥ 保存如图 7-1 所示的 Raptor 流程图到特定的文件夹中。

⑦ 分别选择单步或编译方式执行 Raptor 流程图，当三角形的 3 条边长分别为 3、4、5 时，执行结果如图 7-2 所示。

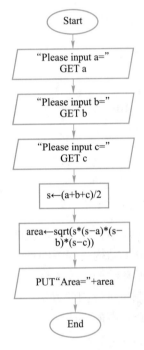

图 7-1　计算三角形面积的流程图

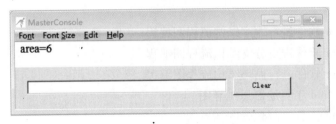

图 7-2　计算结果

2. 用 Raptor 流程图编程实现：输入 3 个数分别存入变量 a、b、c 中，然后输出这 3 个数中的最大数。

① 启动 Raptor 软件。

② 使用输入语句，输入 3 个数分别存入变量 a、b、c 中。

③ 使用分支控制语句比较变量 a 与 b 的大小，将较大数存入变量 maxD 中。

④ 使用分支控制语句比较变量 c 与 maxD 的大小，将较大数存入变量 maxD 中。

⑤ 使用输出语句打印计算结果。至此，流程图绘制完毕，如图 7-3 所示。

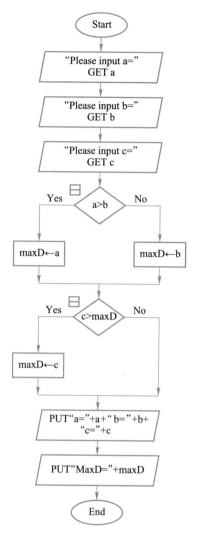

图 7-3 求 3 个数中最大数的流程图

⑥ 保存图 7-3 所示的 Raptor 流程图到特定的文件夹。

⑦ 执行 Raptor 流程图并观察执行结果，执行结果如图 7-4 所示。

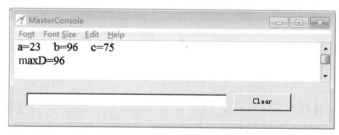

图 7-4 运行结果

3. 用 Raptor 流程图编程实现：输入一个考试成绩 x，根据成绩所属分数段打印等级字母，若 $x \geqslant 90$ 打印"A"，$80 \leqslant x < 90$ 打印"B"，$70 \leqslant x < 80$ 打印"C"，$60 \leqslant x < 70$ 打印"D"，$x < 60$ 打印"E"。

① 启动 Raptor 软件。

② 使用输入语句输入考试成绩并存入变量 x 中。

③ 使用嵌套的分支控制语句依次判断成绩所属分数段并打印对应的字母。

④ 保存图 7-5 所示的 Raptor 流程图到特定的文件夹。

⑤ 当 x 的值为 82 时，执行 Raptor 流程图的结果如图 7-6 所示。

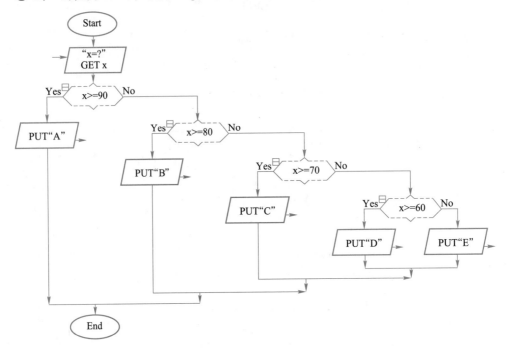

图 7-5　根据成绩所属分数段打印等级字母

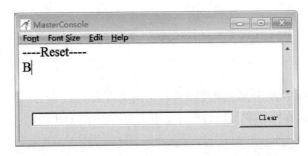

图 7-6　成绩为 82 时的运行结果

4. 用 Raptor 流程图编程实现：输入大于 3 的自然数，存入变量 n，计算并输出 $sum =$ $1+2+3+\cdots+n$ 的值。

① 启动 Raptor 软件。

② 使用输入语句输入自然数并存入变量 n 中。

③ 设计循环控制语句，循环变量 i 的初值为 1、终值为 n、步长为 1。

④ 用赋值语句构造累加器求自然数的和，如 $sum = sum + i$。

⑤ 使用输出语句打印计算结果。至此，流程图绘制完毕，如图 7-7 所示。

⑥ 保存图 7-7 所示的 Raptor 流程图到特定的文件夹。

⑦ 当 n 的值为 10 时，执行 Raptor 流程图的结果如图 7-8 所示。

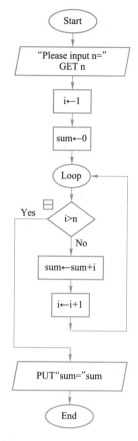

图 7-7　计算 $sum = 1+2+3+\cdots+n$ 之和的流程图

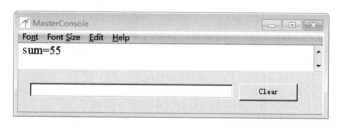

图 7-8　n 的值为 10 时流程图执行结果

5. 用 Raptor 流程图编程实现：输入两个自然数分别存入变量 m 和 n 中，计算并输出这两个数的最大公约数与最小公倍数。

提示

　　☞ 最大公约数也称为最大公因子，指某几个整数共有因子中最大的一个；两个整数公有的倍数称为它们的公倍数，其中最小的一个正整数称为它们两个的最小公倍数。

① 启动 Raptor 软件。
② 使用输入语句输入自然数 m 和 n 的值。

③ 使用分支语句求出自然数 m 和 n 的最小值存入变量 minD 中。

④ 构造单重循环求出自然数 m 和 n 的最大公约数存入变量 GCD 中。

⑤ 计算自然数 m 和 n 的最小公倍数 LCM，公式为：$\text{LCM} = m \times n / \text{GCD}$。

⑥ 使用输出语句打印计算结果。至此，流程图绘制完毕，如图 7-9 所示。

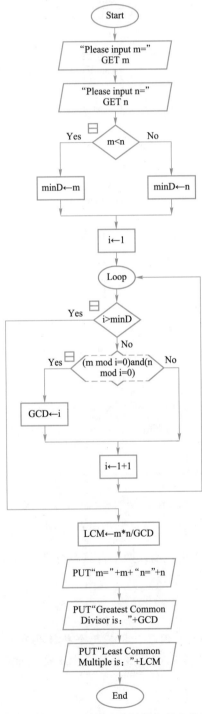

图 7-9　求自然数 m 和 n 的最大公约数与最小公倍数流程图

⑦ 保存图 7-9 所示的 Raptor 流程图到特定的文件夹。

⑧ 执行 Raptor 流程图并观察执行结果，执行结果如图 7-10 所示。

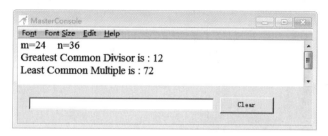

图 7-10　求自然数 *m* 和 *n* 的最大公约数与最小公倍数的执行结果

6. 使用 FreeMind 工具绘制如图 7-11 所示的"三角形的面积计算"的思维导图。

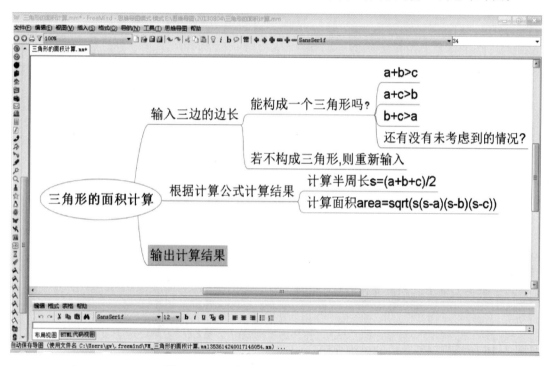

图 7-11　"三角形的面积计算"的思维导图

① 打开 FreeMind，进入 FreeMind 的工作界面，如图 7-12 所示。

② 单击界面正中的"新建思维导图"（也可单击"编辑"菜单下的"编辑节点"或按快捷键 F2），编辑该节点。将"新建思维导图"改写为"三角形的面积计算"，如图 7-13 所示。

③ 将光标移到中心节点上按 Insert 键插入一个新子节点，将光标移到新子节点并按 Enter 键即可插入一个新的平行节点。请参照图 7-14 编辑各个子节点内容。编辑子节点时，请思考计算三角形面积的步骤。

④ 思考构成三角形的条件，采用与步骤③相同的方法编辑子孙节点的内容，参照图 7-15 所示绘制思维导图。

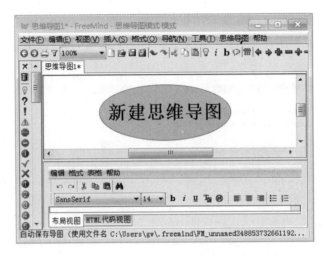

图 7-12　FreeMind 的工作界面

图 7-13　选中节点按 F2 键后进入编辑状态　　　　图 7-14　插入新子节点的思维导图

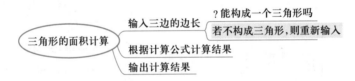

图 7-15　考虑构成三角形条件的思维导图

提示

☞ 单击左侧工具栏上的图标❓可以插入❓。

---

⑤ 继续细化构成三角形的条件，采用与步骤③相同的方法编辑子孙节点的内容，参照图 7-16 所示绘制细化后的思维导图。

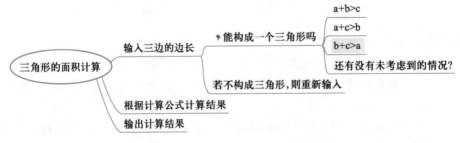

图 7-16　细化后的思维导图

⑥ 按照三角形面积的计算公式，参照图 7-11 所示绘制求三角形面积的思维导图。

⑦ 单击"文件"菜单下的"保存"（或按 Ctrl+S 组合键）选项保存文件，文件命名

为"三角形面积计算 . mm"（mm 是扩展名）。

7. 使用 XMind 工具绘制如图 7-17 所示的鱼骨图。

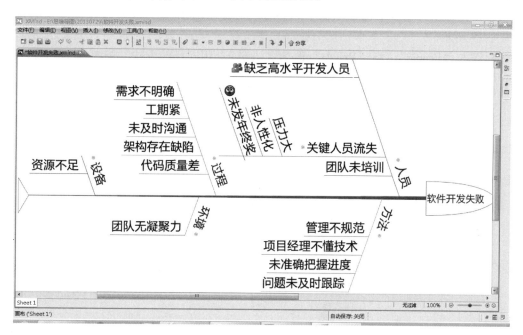

图 7-17 "软件开发失败"鱼骨图

① 打开 XMind 工具软件，进入其工作界面，如图 7-18 所示。

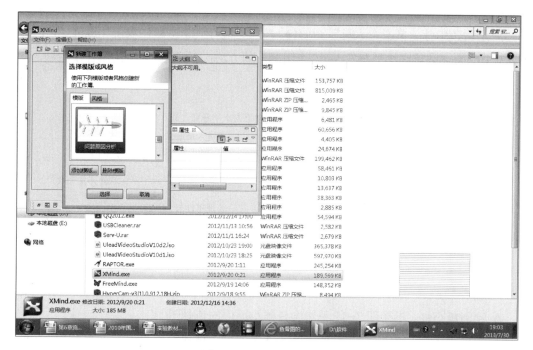

图 7-18 XMind 工作界面

② 在"新建工作簿"对话框中选中"问题原因分析"后，单击"选择"按钮，打开 XMind 绘制鱼骨图的环境。

③ 在鱼骨图的基本结构中双击"Problem"，将"Problem"改为"软件开发失败"，如图 7-19 所示。

④ 双击"People"，将"People"改为"人员"。用同样的方法，按图 7-20 编辑其他主要原因。

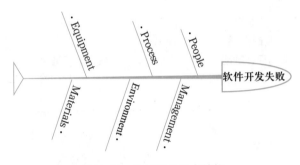

图 7-19 鱼骨图的基本结构

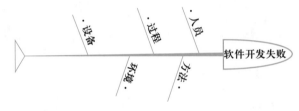

图 7-20 含主要原因的鱼骨图

⑤ 绘制鱼中骨。单击"人员"旁的 ⊕ 按钮，展开其子主题，双击"Subtopic 1"，将子主题 1 改为"缺乏高水平开发人员"。用同样的方法，参照图 7-21 绘制各子主题。

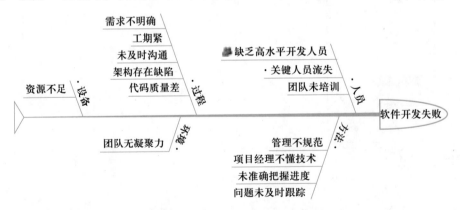

图 7-21 含中原因的"软件开发失败"鱼骨图

⑥ 绘制鱼小骨。参照图 7-17 编辑含具体小原因的鱼骨图。

⑦ 选择"文件"菜单下的"另存为"选项，将文件命名为"软件开发失败.xmind"后保存。

提示

☞ 单击菜单"插入"可插入新主题、新子主题和图标等。也可按 Enter 键插入新主题；按 Insert 键插入新子主题。单击菜单"编辑"下的"删除"可删除选中的主题；也可按 Delete 键删除主题。

四、课后练习与思考

1. 在求三角形面积的算法中，若输入的 3 条边 a、b、c 不构成一个三角形，结果会怎样？如何解决这一问题？

2. 输入圆的半径值，计算并输出圆的直径、周长和面积值。

3. 输入任意一个华氏温度 f，然后将其转换为摄氏温度 c 输出，公式为：$c = \dfrac{5}{9}(f-32)$。

4. 输入一个点的坐标值分别存入 x 和 y，判断该点是否在圆 $x^2 + y^2 = 10$ 内，该点在圆内显示"Yes"；否则显示"No"。

5. 任意输入变量 x 的值，根据分段函数计算并输出 y 的值，分段函数如下：

$$y = \begin{cases} x^4 + 3x & x \geq 0 \\ \sqrt{|1-4x|} & x < 0 \end{cases}$$

6. 任意输入 3 个数分别存入变量 a、b、c 中，然后按从小到大的顺序输出这 3 个数。

7. 在某邮局寄包裹，输入包裹的重量 w 千克，计算并输出应支付的邮资 m 元。计算公式为：$m = w * price$。当 $w \leq 10$ 时，$price = 0.8$ 元；当 $10 < w \leq 20$ 时，$price = 0.75$ 元；当 $w > 20$ 时，$price = 0.7$ 元。

8. 输入自然数 n 的值，计算并输出 $Sum = 1 + \dfrac{1}{3} + \dfrac{1}{5} + \cdots + \dfrac{1}{2 \times n - 1}$。

9. 输入自然数 n 的值，计算并输出 $n!$。

10. 输入自然数 $n(n>3)$ 的值，计算并输出 $Sum = 1! + 2! + \cdots + n!$。

11. 设计循环结构程序输入任意 10 个数，然后求这 10 个数中的最大值、最小值和平均值，打印计算结果。

12. 打印出所有的水仙花数，水仙花数（又称为阿姆斯特朗数）是指一个三位数，它的每个位上的数字的 3 次幂之和等于它本身，例如，$1^3 + 5^3 + 3^3 = 153$。

13. 输入自然数 n 的值，然后判断自然数 n 是否为素数。

提示

☞ 素数（又称为质数），指在一个大于 1 的自然数中，除了 1 和它自身外，不能被其他自然数整除的数。

14. 打印出公元 1900 年至 2020 年间所有的闰年。

> **提示**
>
> ☞ 某个年份是闰年，需满足以下两个条件之一：
> 1）能够被 400 整除，如 2000 年；
> 2）能够被 4 整除但不能被 100 整除，如 1996。

15. 设计循环结构程序依次输入某商场 10 位顾客的消费金额 X 元，当 $X \geqslant 5\,000$，折扣率为 10%；当 $3\,000 \leqslant X < 5\,000$，折扣率为 5%；当 $1\,000 \leqslant X < 3\,000$，折扣率为 3%；否则，折扣率为 0。计算并显示每位顾客的实际支付金额。

16. 输入任意整数存入变量 n，组织循环结构流程计算 $sum = 1^1/(n+1) - 3^2/(n+2) + 5^3/(n+3) - 7^4/(n+4) + \cdots + (-1)^{(n+1)} \times (n \times 2 - 1)^n/(n+n)$ 的值，然后分别输出变量 n 和 sum 的值。

17. 求解百钱买百鸡问题。

> **提示**
>
> ☞ 我国古代数学家张丘建在《算经》一书中提出了百钱买百鸡问题：鸡翁一值钱五，鸡母一值钱三，鸡雏三值钱一。百钱买百鸡，问鸡翁、鸡母、鸡雏各几何？

18. 使用 FreeMind 绘制一个"Excel 知识点"的思维导图。
19. 使用 FreeMind 绘制"学生信息管理系统"的思维导图。
20. 使用 XMind 以时间为序绘制自己的大学生活与学习规划鱼骨图。

实验 2　数据库基本操作

一、实验目的

理解和掌握数据库定义语言（Data Definition Language，DDL）和数据操纵语言（Data Manipulation Language，DML）的使用。

二、实验任务

1. MySQL 数据库的安装。
2. 数据库的创建。
3. 数据表的创建。
4. 数据记录的增加、修改、删除和查询。

三、实验步骤

1. MySQL 服务器的安装与启动。

（1）下载 MySQL 软件。

打开浏览器，在地址栏输入网址：https://dev.mysql.com/downloads/installer/，按 Enter 键后进入 MySQL 下载页面。基于 Windows 平台的 MySQL 安装文件有两个版本，一种是以 msi 为后缀的二进制安装版本，一种是以 zip 为后缀的压缩版本，如图 7-22 所示。

图 7-22　下载 MySQL

如果想下载前期版本，则单击 "Looking for previous GA versions?"，选择一个自己需要的版本。本实验选择 MySQL 8.0.19 二进制安装版本。

（2）安装软件。

双击打开下载的安装文件，启动安装过程。

在第 1 步的服务器类型选择：选择 MySQL 服务器的类型为 "Developer Default"（表示开发者机器）即可。

依次单击 "Next" 按钮进入下一步，保持默认值即可，如图 7-23 所示。

当进入到如图 7-24 所示的界面时，这一步选择服务器的类型，在 Config Type 栏选择 "Development Computer" 作为开发机。保持连接服务器的默认方式，即 "TCP/IP" 连接，端口号 3306，允许穿越防火墙访问，单击 "Next" 按钮进入下一步，如图 7-24 所示。往后操作以此类推。

如图 7-25 所示，此步为 Root 账号设置密码，正式使用时应设一个高强度的密码，这里设置一个简单的密码 "123456"，设置好密码后，一定要牢记密码，以便以后使用。单击 "Next" 按钮进入下一步，如图 7-26 所示。

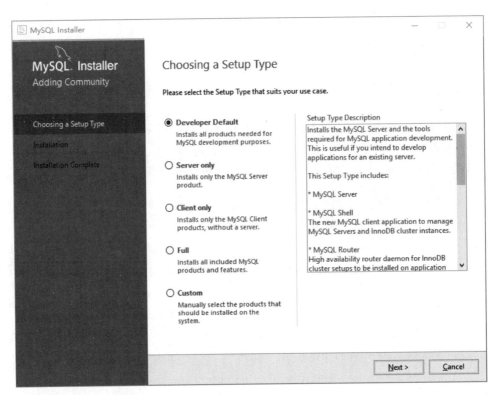

图 7-23　安装 MySQL

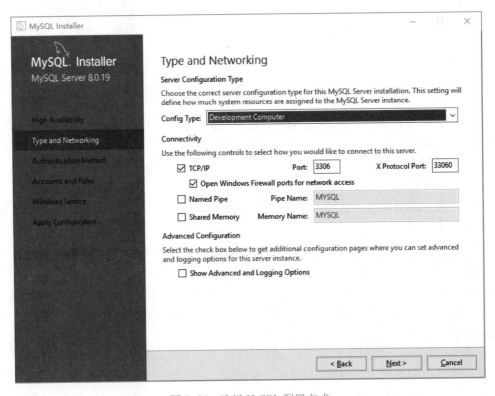

图 7-24　选择 MySQL 配置方式

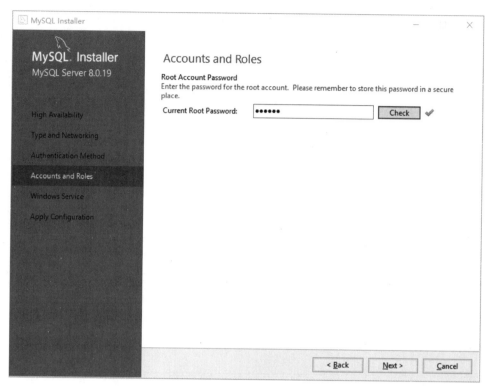

图 7-25　设置 MySQL 密码

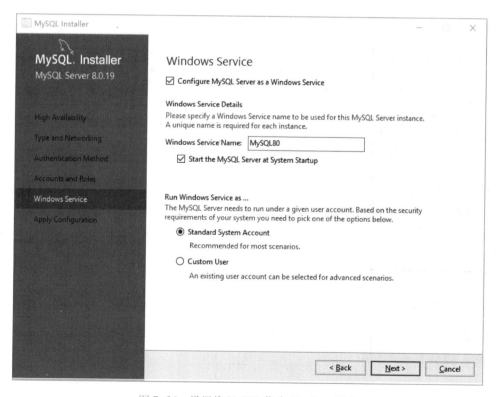

图 7-26　设置将 MySQL 作为 Windows 服务

这一步中设置是否将 MySQL 作为一个 Windows 服务并在 Windows 启动时自动启动 MySQL。为了以后方便使用 MySQL，默认按 Windows 服务自动启动。单击"Next"按钮进入下一步。至此，MySQL Server 服务器的设置程序已收集完所有需要的设置信息，再下一步，单击"Execute"按钮执行配置。然后单击"Finish"按钮完成"MySQL Server"服务器的配置，再单击"Next"按钮进入"MySQL Router"路由的配置。

至此，MySQL Server 服务器的设置程序已收集完所有需要的设置信息，在窗口中单击"Execute"按钮执行配置。

再次单击"Next"按钮，准备配置 MySQL 的实例，如图 7-27 所示。在密码框中输入前面已设置过的 Root 账号的密码（本教程设置为：123456）。单击"Check"按钮，认证通过后，可以看到绿色底纹的文字"Connection succeeded"，此时"Next"按钮变成可用状态，单击"Next"按钮，弹出如图 7-28 所示的对话框，单击"Execute"按钮应用配置，等待 MySQL 配置脚本执行完成后单击"Finish"按钮。至此，配置操作全部完成，回到"产品配置"最初的页面，单击"Next"按钮，至此 MySQL 安装完成，根据需要选择"Start MySQL Workbench after setup"图形化操作界面、"Start MySQL Shell after Setup"安装完成后启动 shell 字符操作界面。这里，先取消勾选这两处的复选框，单击"Finish"按钮先结束 MySQL 的安装。

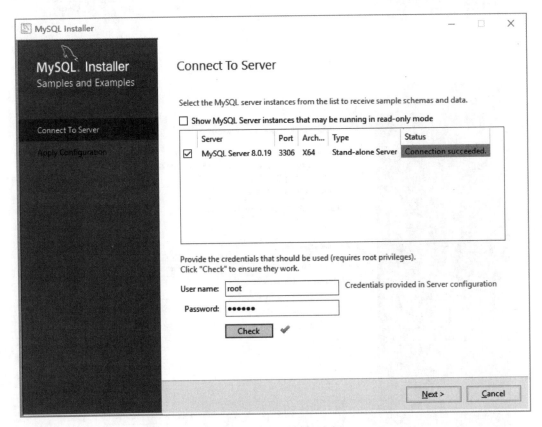

图 7-27　配置 MySQL 实例

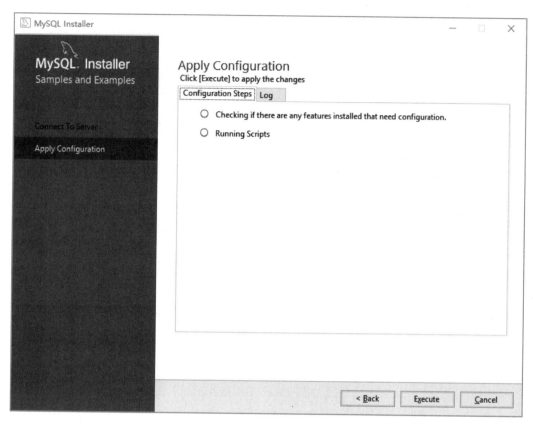

图 7-28　应用配置

（3）启动服务器。

按照前述安装，MySQL 已经作为一个系统服务安装了，并且在启动 Windows 时会自动启动该服务，一般不需要再单独启动。若需要查看其服务状态，可以按键盘上的 Windows+R 组合键，在弹出的对话框中输入"services. msc"，再单击"确定"按钮，出现如图 7-29 所示的本地服务列表对话框。选中服务列表中的 MySQL80 服务，可以查看其状态。

2. 交互式操作数据库。

安装好 MySQL 后，可以通过图形化的操作界面或字符界面直接操作 MySQL 数据库中的数据，也可以通过书写程序的方式操作数据库中的数据。MySQL 除了自带的"MySQL Workbench"图形界面外，还有一些第三方软件，如 Navicat（一款非常优秀的图形操作界面）。在此，接下来以字符界面操作数据库。这种方式既可用于交互式操作，也可以嵌入高级程序计语言进行程序式操作。

（1）登录系统。

安装好 MySQL 后，启动"MySQL 8.0 Command Line Client"，则可以打开登录窗口，如图 7-30 所示。在窗口中输入 Root 账户的登录密码"123456"（与安装时设置的密码一致），则可进入交互操作窗口。

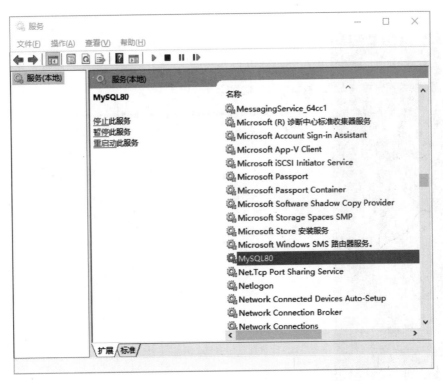

图 7-29 检查 MySQL 是否启动

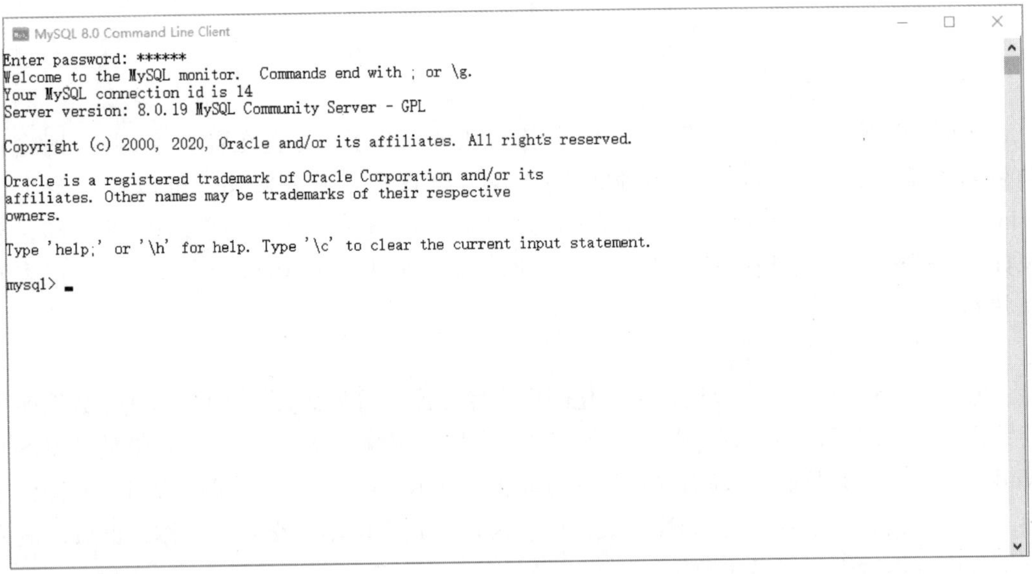

图 7-30 登录窗口

（2）建立数据库。

在窗口中输入如下命令并按 Enter 键，创建一个名为 Demo 的数据库。

CREATE DATABASE Demo；

（3）建表。

执行如下语句在 Demo 数据库中建立一张名为 student 的表，表中包含姓名、学号、性别、年龄字段。

Use Demo;

CREATE TABLE student(stuName varchar (20) , stuNO varchar (12) primary key, sex varchar (1) , age int) ;

（4）插入记录。

执行如下语句在表中插入 6 条记录。

INSERT INTO student VALUES("赵强" , "202001020201" , "男" , 18) ;

INSERT INTO student VALUES("李刚" , "202001020202" , "男" , 19) ;

INSERT INTO student VALUES("王琴" , "202001020203" , "女" , 18) ;

INSERT INTO student VALUES("张芳" , "202001020204" , "女" , 19) ;

INSERT INTO student VALUES("陈江" , "202001020205" , "男" , 20) ;

INSERT INTO student VALUES("黄晓红" , "202001020206" , "女" , 18) ;

（5）查询记录。

执行如下语句查询并显示 student 表中的男生记录。

SELECT ∗ FROM student WHERE sex = "男" ;

（6）修改记录。

执行如下语句将"张芳"的年龄修改为 20。

UPDATE student SET age = 20 WHERE stuName = "张芳" ;

再执行如下语句检查修改之后表中的记录情况。

SELECT ∗ FROM student ;

（7）删除记录。

执行如下语句删除学号为"202001020203"的记录。

DELETE FROM student WHERE stuNO = "202001020203" ;

再执行如下语句检查删除记录之后表中的记录情况。

SELECT ∗ FROM student ;

（8）退出客户端。

exit

第8章　计算机网络基础与信息安全

实验 1　网 络 搜 索

一、实验目的

(1) 掌握使用关键词进行简单搜索的方法。
(2) 掌握使用关键词进行高级搜索的方法。
(3) 掌握使用高级搜索命令进行精确搜索的方法。
(4) 掌握分类搜索的方法。
(5) 掌握分类搜索与关键词搜索结合的搜索方法。

二、实验任务

在日常工作、学习和生活中，要在浩如烟海的网络信息中找到自己需要的信息，搜索引擎是最重要的工具。本实验以百度搜索引擎为例，引导读者学会使用搜索引擎快速查找信息。具体如下。
(1) 使用关键词进行简单搜索。
(2) 使用关键词进行高级搜索。
(3) 使用高级搜索命令进行精确搜索。
(4) 分类搜索。
(5) 分类搜索与关键词搜索结合。

三、实验步骤

使用搜索引擎可以在互联网上查找所需信息，知名的搜索引擎有中国的百度、美国的谷歌和微软公司的必应等。下面以百度为例进行介绍。

1. 使用关键词进行简单搜索。

使用搜索引擎最简单的查找方式就是在搜索引擎向用户提供的文本框中输入待查询的关键字、词组或句子进行查询。该种查询方式的优点是查询速度快，但前提是查询的内容必须很明确。例如，要查找与"幼儿教育"相关的信息。

① 在浏览器中打开百度的主页，如图 8-1 所示。

图 8-1　百度主页

② 在文本框中输入关键词"幼儿教育"，单击"百度一下"按钮，开始进行搜索。搜索完毕，在窗口中显示搜索结果，如图 8-2 所示。从搜索结果中可以发现关键词"幼儿教育"会被拆分，导致返回的搜索结果不够精确。

③ 单击窗口中相关的链接，即可打开有关"幼儿教育"的网页。

2. 使用关键词进行高级搜索。

使用高级搜索功能，可以对搜索信息做进一步的设置，以获取更精确的搜索信息。例如，要查找同时满足以下条件的信息。

- 包含完整关键词"幼儿教育"。
- 关键词仅位于网页的标题中。
- 搜索的文档格式为所有网页和文件。
- 限定在新浪网中搜索。
- 仅搜索最近一个月的信息。

① 打开图 8-1 所示的百度主页，单击页面右上角的"设置"，再单击"高级搜索"，出现图 8-3 所示的高级搜索页面。在该页面中可以根据需要进行搜索设置，可以限定搜索关键词、限定要搜索的网页的时间、限定搜索的文档格式（pdf、ppt 等）、限定关键词的位置、限定要搜索的网站。

图 8-2　搜索结果

图 8-3　高级搜索页面

②在高级搜索页面中设置搜索条件，如图 8-4 所示。单击"高级搜索"按钮，符合条件的信息被显示在网页中。图 8-5 为部分搜索出的信息。从这些信息中可以看出，网页标题中包含了完整关键词"幼儿教育"，而且这些信息都来自新浪网。可见使用高级搜索可缩小搜索范围，使搜索到的信息更符合用户的需求。

③单击图 8-1 所示的百度主页右上角的"设置"，再单击"搜索设置"，可对搜索框提示、搜索语言、搜索历史记录等参数进行设置，如图 8-6 所示。

④单击百度主页"设置"中的"隐私设置"，可对搜索时的隐私进行设置。

3. 使用高级搜索命令进行精确搜索。

在使用搜索引擎进行搜索时，也可以使用一些常用的高级搜索命令进行更精确的搜索。需要注意的是以下命令中的符号均为英文符号，例如，冒号、加减号、双引号等都是英文符号。

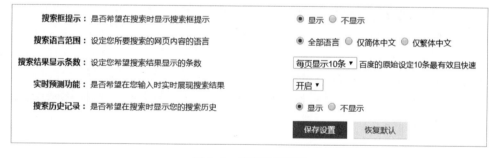

图 8-4　填写搜索信息

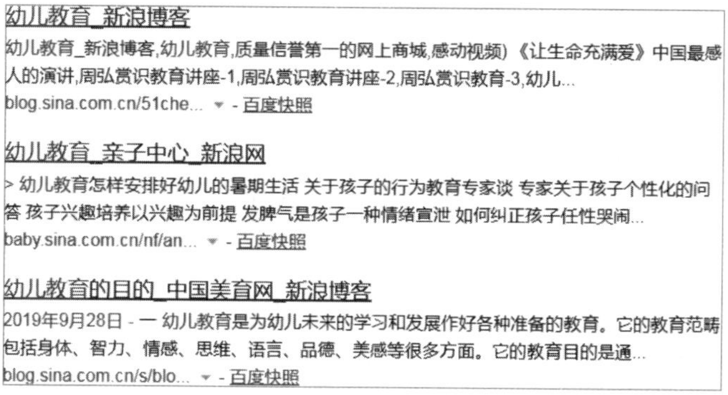

图 8-5　返回的搜索信息

图 8-6　搜索设置页面

① 双引号和书名号——完全匹配。

把关键词用双引号括起来，返回结果是完全匹配搜索关键词的页面，从而达到精准匹配的目的。例如，搜索"幼儿教育"，返回结果为包含完整关键词"幼儿教育"的信息，关键词不会被拆分，如图 8-7 所示。

书名号是百度独有的一个特殊查询语法。在其他搜索引擎中，书名号会被忽略，而在百度中，书名号是可被查询的。加上书名号的查询词，有两层特殊功能，一是书名号会出现在搜索结果中；二是被书名号括起来的内容不会被拆分。例如，搜索《幼儿教育》。

图 8-7　完全匹配的搜索结果

② 减号——排除部分关键词。

减号代表搜索不包含减号后面的词的页面。使用这个指令时减号前面必须是空格，减号后面没有空格，紧跟着需要排除的词。例如，搜索幼儿-教育，返回结果为包括幼儿但不包括教育的页面。搜索结果如图 8-8 所示。

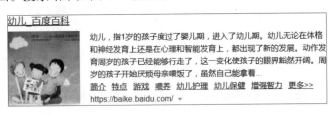

图 8-8　排除部分关键词的搜索结果

③ filetype:——指定搜索特定文件格式。

例如，搜索 filetype:pdf 幼儿教育，返回的是所有包含幼儿教育这个关键词的 pdf 文档，如图 8-9 所示。

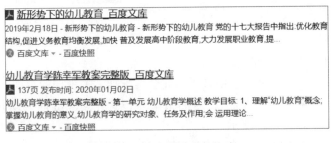

图 8-9　搜索特定文件格式

④ inurl:——返回网页网址中包含搜索关键词的页面。

例如，搜索 inurl:sina，返回的结果是网页网址中包含 sina 的页面，如图 8-10 所示。

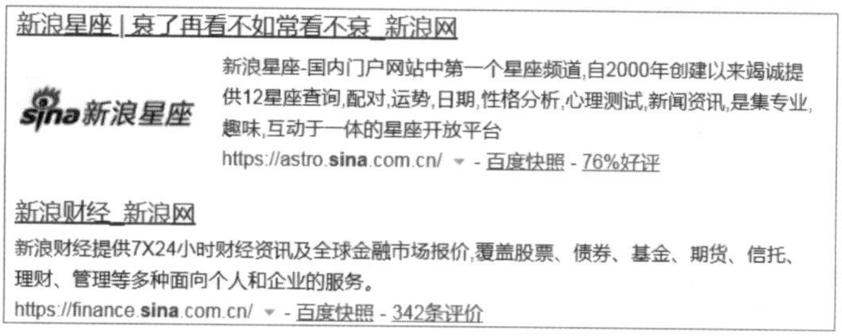

图 8-10　搜索网址中包含关键词的网页

⑤ allinurl：——与 inurl 类似，返回的是网页网址中包含多组关键词的页面。

例如，搜索 allinurl：finance sina，返回的是网页网址中同时含有 finance 和 sina 的页面，如图 8-11 所示。

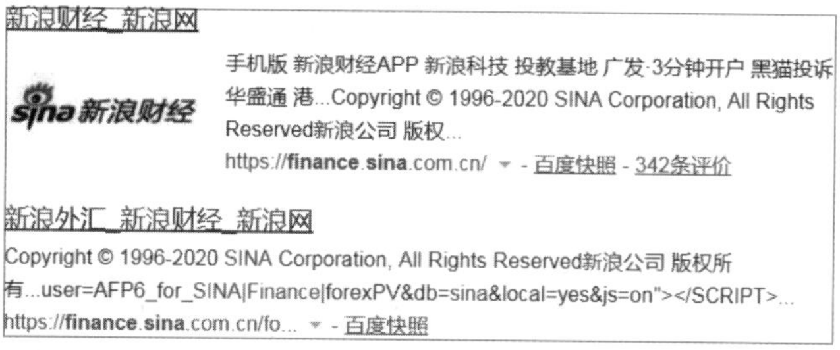

图 8-11　搜索网址中包含多组关键词的网页

⑥ intitle：——返回的是网页标题中包含关键词的页面。

例如，搜索 intitle：教育，返回的是网页标题中含有关键词"教育"的网页，如图 8-12 所示。

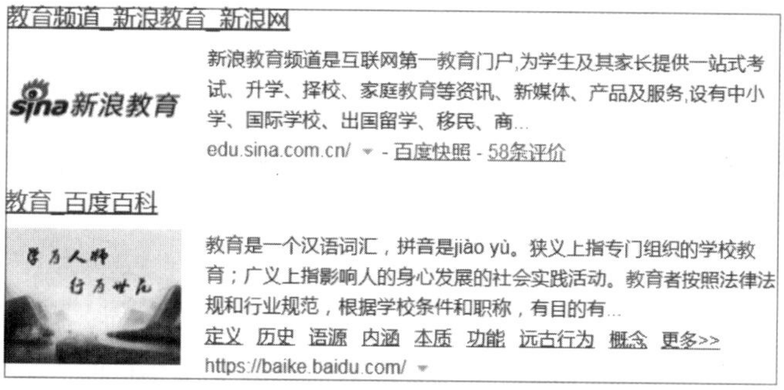

图 8-12　搜索网页标题中包含关键词的页面

⑦ allintitle：——返回的是网页标题中包含多组关键词的页面。

例如，搜索 allintitle：网球 教学，返回的是网页标题中同时含有网球和教学的页面，如图 8-13 所示。

⑧ site——站内搜索，用来搜索某个指定网站内的页面。

例如，搜索 site：(sina. com. cn)"网球教学"，就会返回网站 sina. com. cn 下所有与网球教学有关的页面，如图 8-14 所示。

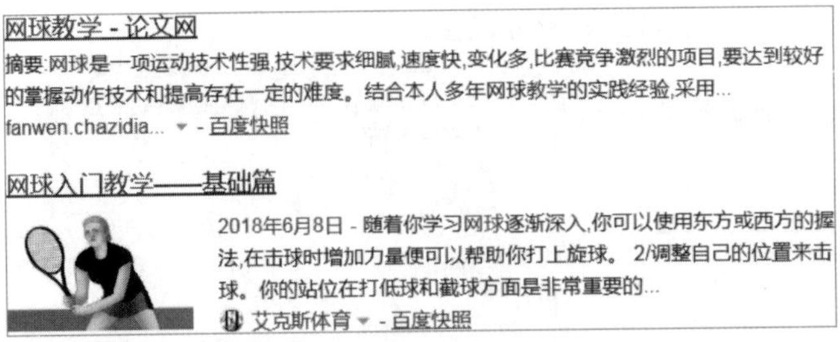

网球教学 - 论文网
摘要:网球是一项运动技术性强,技术要求细腻,速度快,变化多,比赛竞争激烈的项目,要达到较好的掌握动作技术和提高存在一定的难度。结合本人多年网球教学的实践经验,采用...
fanwen.chazidia... ▾ - 百度快照

网球入门教学——基础篇

2018年6月8日 - 随着你学习网球逐渐深入,你可以使用东方或西方的握法,在击球时增加力量便可以帮助你打上旋球。 2/调整自己的位置来击球,你的站位在打低球和截球方面是非常重要的...
🏀 艾克斯体育 ▾ - 百度快照

图 8-13   搜索网页标题中包含多组关键词的页面

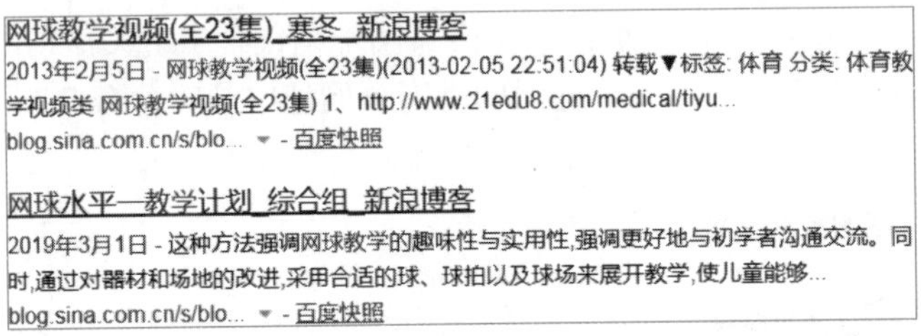

网球教学视频(全23集) 寒冬 新浪博客
2013年2月5日 - 网球教学视频(全23集)(2013-02-05 22:51:04) 转载▼标签: 体育 分类: 体育教学视频类 网球教学视频(全23集) 1、http://www.21edu8.com/medical/tiyu...
blog.sina.com.cn/s/blo... ▾ - 百度快照

网球水平—教学计划 综合组 新浪博客
2019年3月1日 - 这种方法强调网球教学的趣味性与实用性,强调更好地与初学者沟通交流。同时,通过对器材和场地的改进,采用合适的球、球拍以及球场来展开教学,使儿童能够...
blog.sina.com.cn/s/blo... ▾ - 百度快照

图 8-14   搜索某个指定网站内的页面

4. 分类搜索。

分类搜索是在搜索时按主题类别进行浏览,类似于翻阅书的目录,先找到目录,再查找与目录有关的章节信息。如果对要查找的内容只知道一个大概范围,可以使用分类搜索。例如,要搜索歌曲。

① 单击图 8-1 中百度主页右上角的"更多产品",在列表中单击"音乐"类别,打开"百度音乐"页面。

② 在"百度音乐"页面中根据需要单击相应的类别,层层往下搜索,直到找到自己所需的歌曲为止。

5. 分类搜索与关键词搜索结合。

如果在搜索时,既知道所需信息的范围,又知道明确的查询内容,此时可以将分类搜索和关键词搜索结合起来,这样可以加快搜索速度。例如,查找歌曲"青花瓷"。

① 单击图 8-1 中百度主页右上角的"更多产品",在列表中单击"音乐"类别,打开"百度音乐"页面。

② 在"百度音乐"页面的搜索文本框中可以输入歌名、歌词、歌手或专辑进行搜索,例如,输入歌名"青花瓷",按 Enter 键,搜索结果随即呈现在页面中。

四、课后练习与思考

1. 目前主流的搜索引擎有哪些?请对其进行分析比较。

2. 在计算机上建立一个名为"资料下载"的文件夹,然后使用搜索引擎(自选)搜索有关"计算机二级考试"的信息,并将搜索到的重要网页保存在"资料下载"文件夹中。

3. 在网络上搜索并下载一张精美的图片,以文件名"图片"保存在"资料下载"文件夹中。

4. 在网络上搜索一首自己喜欢的歌曲，并将其下载到"资料下载"文件夹中。

实验 2　网络组建与简单故障诊断

一、实验目的

（1）掌握局域网上网基本参数的设置方法。
（2）学会组建无线局域网的方法。
（3）掌握常用网络故障的诊断和排除方法。

二、实验任务

在日常生活和工作中，有时需要使用无线路由器组建无线局域网，在使用网络的时候，需要进行一些基本的网络设置，有时会碰到网络不通的情况或其他的故障，本次实验将引导读者进行相关的操作。具体如下。
（1）局域网上网基本参数的设置。
（2）组建无线局域网。
（3）常用网络故障的诊断和排除。

三、实验步骤

1. 局域网上网基本参数的设置。
① 右击桌面上的"网络"图标，单击菜单中的"属性"选项；或单击"开始→控制面板"，在打开的控制面板中单击"网络和 Internet→网络和共享中心"。打开"网络和共享中心"窗口。
② 单击"网络和共享中心"窗口左侧的"更改适配器设置"，打开"网络连接"窗口，右击窗口中的"本地连接"（有线连接）或"无线网络连接"（无线连接），单击菜单中的"属性"命令，打开如图 8-15 所示的"本地连接 属性"对话框或如图 8-16 所示的"无线网络连接 属性"对话框。
③ 在图 8-15 或图 8-16 所示对话框中单击选中"Internet 协议版本 4（TCP/IPv4）"选项，单击"属性"按钮，打开"Internet 协议版本 4（TCP/IPv4）属性"对话框，如图 8-17 所示。
④ 在"Internet 协议版本 4（TCP/IPv4）属性"对话框中可使用从网络管理员那里获得的参数进行设置。如果是动态 IP，选择"自动获得 IP 地址"和"自动获得 DNS 服务器地址"，如图 8-17 所示；如果是静态 IP，选择"使用下面的 IP 地址"和"使用下面的 DNS 服务器地址"，并填入相应的参数。

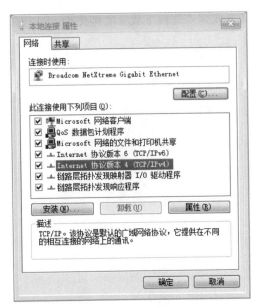

图 8-15 "本地连接 属性"对话框

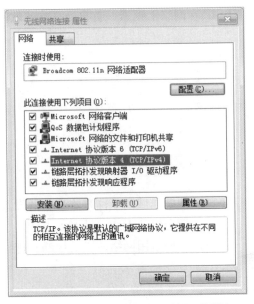

图 8-16 "无线网络连接 属性"对话框

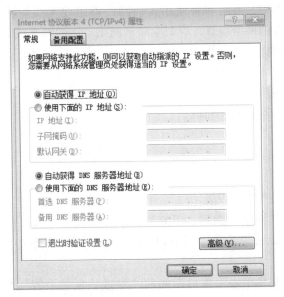

图 8-17 "Internet 协议版本 4 (TCP/IPv4) 属性"对话框

> **提示**
>
> ☞ 要让计算机通过局域网上网,就必须安装 TCP/IP,并设置包括 IP 地址、子网掩码、默认网关和 DNS 服务器地址等参数。设置方法分为以下两种,使用哪一种由网络管理员决定。

● 动态分配、自动获取。在这种管理方式下,上述参数都可以自动获取。若无法联系网络管理员,应优先考虑使用此方式,这是许多公共场所上网所采取的通用方式,包括无线上网。

● 静态分配，直接指定。在这种管理方式下，上述参数由网络管理员统一分配，用户不要自作主张，以避免引起 IP 冲突和其他用户上网故障，部分企业网、校园网采用此方式进行管理。

2. 组建无线局域网。

本实验以 mercury MW325R 无线路由器为例进行介绍，不同的路由器设置界面和参数会有不同。

（1）硬件连接。

① 将路由器的 WAN 口连接到 Internet。

② 将用户计算机连接到路由器的 LAN 口（如果使用无线连接，则可省略该步骤）。

③ 将电源线插到路由器的 POWER 口。

提示

☞ 无线宽带路由器允许用户通过有线或无线方式进行连接，首次对路由器进行配置时，既可以使用有线连接方式，也可以使用无线连接方式。下面用手机以无线方式对路由器进行设置。

（2）设置路由器。

① 待路由器正常启动后，用手机进行无线网的搜索，本例中默认无线网名称为 MER-CURY_C5F2。注意：不同路由器的无线网名称不同，具体可查看路由器底部标贴上标示的无线网名称。

② 打开浏览器，在浏览器地址栏中输入 melogin. cn 或 192. 168. 1. 1，然后按 Enter 键，打开创建登录密码的界面，如图 8-18 所示。

图 8-18　创建登录密码

③ 输入创建的登录密码，并再次输入密码进行确认，然后单击图标 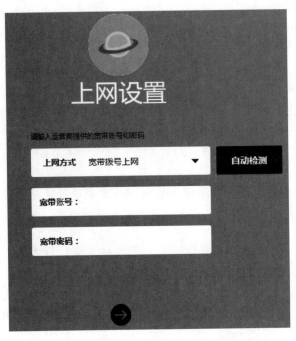，路由器会自动检测宽带的上网方式，等待几秒钟，然后根据检测的结果，设置对应的上网参数。本例中检测结果如图 8-19 所示。

图 8-19　设置上网参数

注意

☞ 以后再次登录路由器，需要使用刚才创建的登录密码。如果没有出现创建登录密码的界面，而是出现输入登录密码的界面，说明这台路由器在此之前已经设置了登录密码，只需要输入之前设置的登录密码，就能进入设置界面。

④ 在图 8-19 所示的界面中输入网络服务商（ISP）提供的上网参数（本例中需要输入账号和密码），单击图标 ，出现图 8-20 所示的界面。

⑤ 在图 8-20 所示的界面中，用户可进行无线网络参数的设置，需输入无线名称和无线密码。本例中的参数如图 8-20 所示，其中无线名称是用来标识用户网络的一个字符串，可自行命名，无线密码是用户加入该无线网络需输入的密码，无线密码为 8~63 个字符，最好是数字、字母、符号的组合。单击 ，出现"完成设置"的界面，单击其中的 完成设置。

图 8-20　设置无线网络的基本参数

提示

☞ 路由器的 IP 地址和默认的用户名、密码等，应以产品说明书中的描述为准。

（3）无线局域网上网。

① 如果要将手机连入无线网，可用手机搜索设置的无线名称（本例中无线名称为 xin），输入无线密码，即可加入无线局域网。

② 如果要使计算机连入无线网，首先打开"网络连接"窗口。

③ 双击窗口中的"无线网络连接"图标，打开"无线网络连接"列表，如图 8-21 所示。在列表中找到设置好的无线网络名（本例中无线网络名称为 xin），说明路由器无线功能已正常工作。

④ 双击该连接，如果路由器设置了无线密码，此时会提示输入密码，输入密码并单击"确定"按钮，如果连接成功即可上网。

（4）无线安全设置。

图 8-21 "无线网络连接"列表

① 打开浏览器，在浏览器地址栏中输入 melogin. cn 或 192. 168. 1. 1，然后按 Enter 键，输入登录密码，单击 ➡，即可打开路由器管理界面。在该界面中可根据需要查看和修改上网参数。

② 单击高级设置，然后单击选择界面左侧的"无线设置"→"主人网络"，打开图 8-22 所示的无线设置界面。

图 8-22 无线安全设置界面

③ 可勾选是否加密，是否开启无线广播等。为了不让其他人知道自己无线路由器的存在，通常设置不开启无线广播，此时在无线网络列表中将看不到它。

④ 根据需要可设置其他的参数。

3. 网络故障的诊断和排除。

（1）禁用网卡后再启用，排除偶然故障。

有时发现计算机不能上网，可以采用先禁用网卡再启用的方法来排除偶然的网络故障。

① 打开"网络和共享中心"窗口，单击窗口左上侧"更改适配器设置"，打开"网络连接"窗口。右击其中的"本地连接"或"无线网络连接"图标，单击快捷菜单中的"禁用"命令，即可禁用所选网卡。

② 若要重启网络，只需右击"网络连接"窗口中的"本地连接"或"无线网络连接"图标，单击快捷菜单中的"启用"命令，即可重启所选网卡。

提示

☞ 对于有线网络，在不需要上网的时候，为了避免遭受网络攻击，只需要禁用网卡，尽量不要拔网线，因为经常插拔网线会造成接触故障。

（2）使用 ipconfig 命令查看计算机的上网参数。

① 单击"开始"→"所有程序"→"附件"→"命令提示符"，打开命令提示符窗口。

② 在命令提示符窗口中输入 ipconfig，执行结果如图 8-23 所示，窗口中显示本机的 TCP/IP 配置信息，包括本机的 IP 地址（IPv6 地址和 IPv4 地址）、子网掩码和默认网关等参数。

图 8-23　ipconfig 命令的执行结果

③ 在命令提示符窗口中输入 ipconfig/all，执行结果如图 8-24 所示，窗口中显示 IP 地址和网卡物理地址（MAC 地址）等相关网络详细信息。

（3）使用 ping 命令测试网络的连通性，定位故障范围。

当网络发生故障时，可以使用 ping 命令测试网络的基本连接情况（是否畅通、网络连接速度的快慢），定位故障范围，排除故障。使用 ping 命令排除故障需要依照以下的测试顺序。

图 8-24　ipconfig/all 命令的执行结果

① ping 127.0.0.1。

在命令提示符窗口中输入 ping 127.0.0.1，出现图 8-25 所示的窗口。

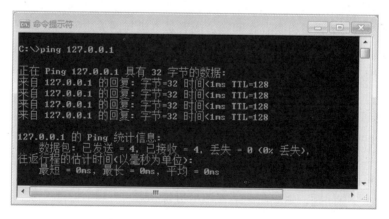

图 8-25　ping 127.0.0.1 的返回结果

　　数据显示本机分别发送和接收了 4 个数据包，丢包率为 0，可以判断本机网络协议工作正常。如果执行此命令显示"请求超时"，则表明本机网卡的安装或 TCP/IP 有问题。接下来就应该检查网卡和 TCP/IP，故障排除后，再 ping 127.0.0.1 即可 ping 通。

　　② ping 本机 IP。

在确认 127.0.0.1 地址能够被 ping 通的情况下，继续使用 ping 命令测试本机的 IP 地址是否能被 ping 通，如果该地址不能被 ping 通，说明本机的网卡参数设置不正确，或者网卡驱动程序不正确，或者网卡与网线的连接有故障，也有可能是本地的路由表受到了破坏。此时应该重新检查本机网卡的状态是否为已连接、网络参数是否设置正确，如果在网络参数设置正确的情况下仍然无法 ping 通本机 IP 地址，则应该重新安装网卡设备的驱动程序，以便能 ping 通本机 IP 地址。

在本例中，首先在命令符提示窗口中输入 ping 192.168.1.100（本例中，本机 IP 地址为 192.168.1.100），出现如图 8-26 所示的窗口，数据显示本机分别发送和接收了 4 个数据包，丢包率为 0，可以判断本机网卡安装配置没有问题，工作正常。若显示"请求超时"，则表明有问题。

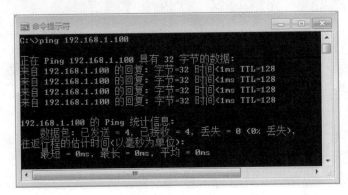

图 8-26 ping 本机 IP 地址的返回结果

③ ping 网关 IP。

由于本机是通过网关与互联网中的计算机相互通信，本机与默认网关之间连接必须正常。如果网关地址能被 ping 通，则表明本机网络连接已经正常。如果 ping 命令操作不成功，有可能是网关设备自身存在问题，或者是本机与网关之间的线路连接不正常，或者是网络管理员关闭了网关设备的 ping 功能，也有可能是本机上网参数设置有误。此时，可先仔细检查有关参数的设置是否正确，如果参数设置正确，则应向网络管理员报告故障。

④ ping 域名。

无论是否 ping 通，只要 ping 工作时既显示了被 ping 的域名又显示了该域名对应的 IP 地址，则表示 DNS 服务器的设置正确、用户网络通信正常。若未显示被 ping 域名对应的 IP 地址，则有可能是 DNS 服务器的 IP 地址设置有误或网络通信存在故障，若仔细检查并确认自己的设置没有问题，则应向网络管理员报告故障。

> **提示**
>
> ☞ 有时候 ping 不通对方的 IP，有可能是对方通过防火墙软件或网络管理员关闭了中途设备响应 ping 的功能。

（4）通过 netstat 命令查看有无异常网络连接。

使用 netstat 命令可以查看本机系统开放的端口以及本机与其他计算机的连接情况，对开放端口的辨别可以大致确定本机中是否存在木马病毒和黑客程序等。

① 打开命令提示符窗口，在命令提示符后输入 netstat 并按 Enter 键，执行结果如图 8-27
所示，窗口中显示的是活动 TCP 连接。其中"协议"是指连接使用的协议名称，"本地地
址"是本地计算机的 IP 地址和连接正在使用的端口号，"外部地址"是连接该端口的远程
计算机的地址和端口号，"状态"表明 TCP 连接的状态（ESTABLISHED 代表一个已经建
立的连接，CLOSE_WAIT 表示等待从本地用户发来的连接中断请求，TIME_WAIT 表示等
待足够的时间以确保远程 TCP 接收到连接中断请求的确认）。

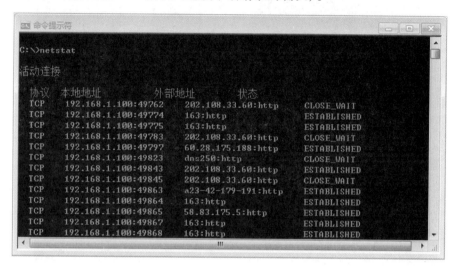

图 8-27　netstat（不带参数）命令的使用

② 在命令提示符后输入 netstat -n（netstat 和 -n 之间有一个空格）并按 Enter 键，显
示如图 8-28 所示的结果，窗口中显示的是所有已建立的有效 TCP 连接，并以数字形式表
示本地计算机和远程计算机的地址和端口号。

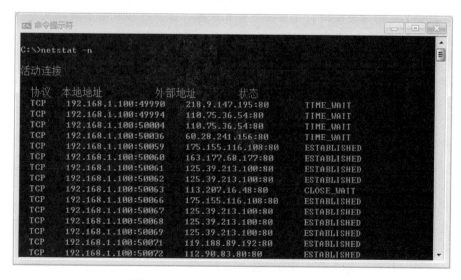

图 8-28　netstat（带参数 n）命令的使用

③ 在命令提示符后输入 netstat -a 并按 Enter 键，打开如图 8-29 所示的窗口，窗口中显示所有连接和监听端口。

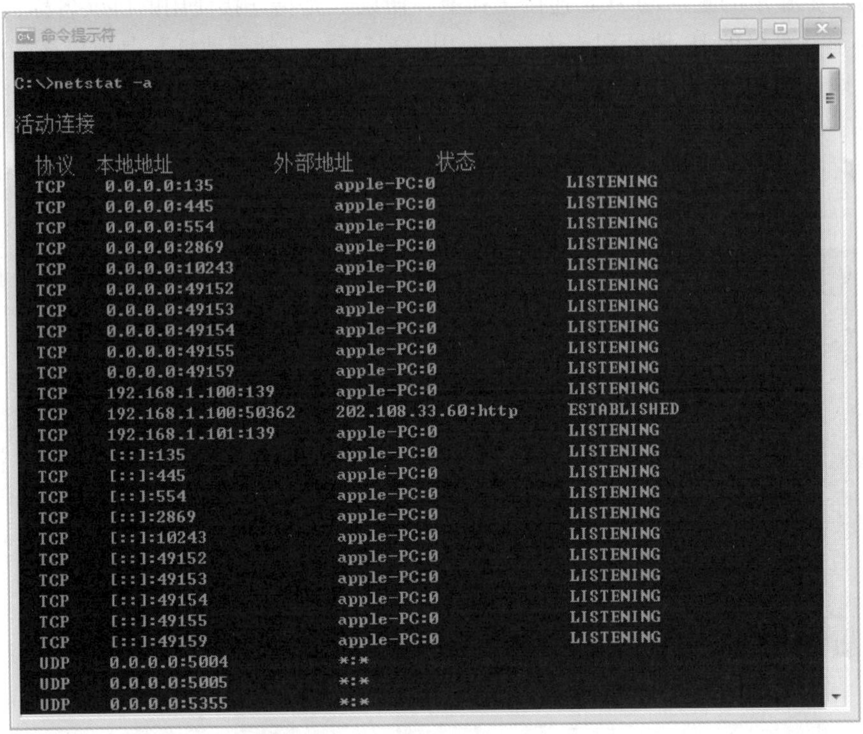

图 8-29 netstat（带参数 a）命令的使用

提示

☞ ● TCP/UDP（传输控制协议/用户数据报协议）

TCP 提供的是面向连接的、可靠的字节流服务。客户机和服务器彼此交换数据前，必须先在双方之间建立一个 TCP 连接之后才能传输数据。TCP 提供超时重发、丢弃重复数据、检验数据、流量控制等功能，保证数据能从一端正确、可靠地传到另一端。

UDP 是一个简单的面向数据报的传输层协议，它不提供可靠性，只是把应用程序传给 IP 层的数据报发送出去，并不能保证它们能到达目的地。由于 UDP 在传输数据报前不用在客户机和服务器之间建立连接且没有超时重发等机制，因此传输速度很快。当某个程序的目标是尽快地传输尽可能多的信息时，可使用 UDP。例如，ICQ 短消息就是使用 UDP 发送消息。

● 保护本机的网络协议端口

保护本机的网络协议端口可以采取以下方法。

查看：经常用命令或软件查看本地所开放的端口中是否有可疑端口。

判断：如果开放端口中有不熟悉的端口，应该马上查看端口大全或木马常见端口等资料，或者通过软件查看开启此端口的进程来判断。

关闭：如果是木马端口或者未知的可疑端口，应该关闭该端口。

• 常见服务使用的端口号如表8-1所示。

表 8-1 常见端口号一览

端 口 号	服 务	协 议
80	HTTP	TCP
443	HTTPS	TCP
21	FTP	TCP
23	TELNET	TCP
25	SMTP	TCP
110	POP3	TCP

四、课后练习与思考

1. 在组建局域网时，如果布线不方便，而有的位置无线信号又很弱或不稳定，该如何解决？

2. 如果计算机不能上网，怎样排除故障？

实验 3 网络资源共享、网络通信与控制

一、实验目的

（1）掌握设置共享文件夹的方法。
（2）掌握访问及查看网络共享资源的方法。
（3）掌握设置映射网络驱动器的方法。
（4）掌握远程桌面访问计算机资源的方法。

二、实验任务

在日常工作和生活中，有时需要与网络上的其他用户共享资源，本次实验将引导读者进行相关的设置操作。具体如下。
（1）设置共享文件夹。
（2）访问网络中的共享资源。
（3）查看本地计算机所提供的共享资源情况。

（4）设置映射网络驱动器。

（5）通过远程桌面访问计算机资源。

三、实验步骤

1. 设置共享文件夹。

文件夹被共享后，已经得到授权的用户能够访问该共享文件夹下的所有文件和子文件夹。

（1）设置共享文件夹前的准备。

在局域网中想实现文件共享，必须进行必要的设置。对于被访问方，需要启动 Server 服务，勾选文件和打印机共享服务。对于访问方，需启动 Workstation 服务，勾选 Microsoft 客户端。

① 右击桌面上的"计算机"图标，单击快捷菜单中的"管理"命令，打开"计算机管理"窗口。依次单击"计算机管理"窗口中的"服务和应用程序"→"服务"命令，打开"计算机管理"窗口，如图 8-30 所示。在"名称"列表中找到"Server"，若其状态不是"已启动"，则双击该项目，单击对话框中的"启动"按钮。

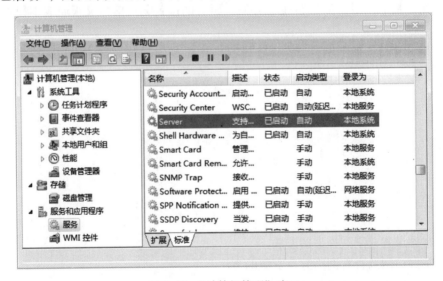

图 8-30　"计算机管理"窗口

② 使用同样的方法启动"计算机管理"窗口中的"Workstation"。

③ 打开"网络连接"窗口。右击要设置的连接（本例中选择"本地连接"），单击快捷菜单中的"属性"命令，打开"本地连接 属性"对话框。勾选其中的"Microsoft 网络客户端"和"Microsoft 网络的文件和打印机共享"两项。

提示

☞ 如果在被访问的计算机上安装并启用了防火墙软件，则应在防火墙中进行相应的设置，以放行文件共享服务。

（2）设置共享文件夹及其访问权限。

① 右击要共享的文件夹，单击快捷菜单中的"共享"→"特定用户"命令，打开"文件共享"对话框，如图 8-31 所示。

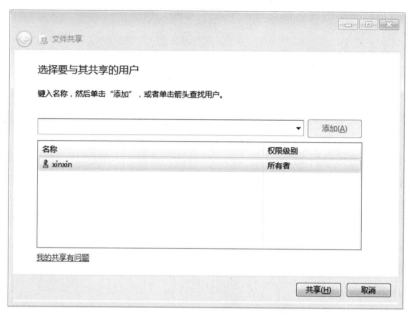

图 8-31　"文件共享"对话框

② 在"文件共享"对话框中，单击文本框右侧的箭头，从列表中单击要添加的用户名称，然后单击"添加"按钮（如果已知用户名，只需在"文件共享"对话框中输入该名称，并单击"添加"按钮），出现图 8-32 所示的对话框。

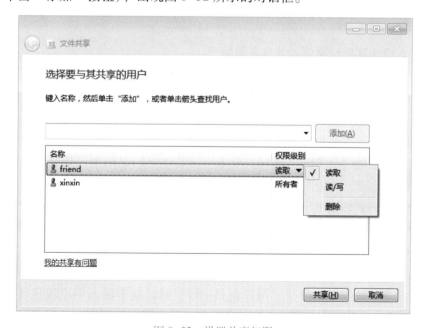

图 8-32　设置共享权限

③ 选中要设置权限的用户名称，单击"权限级别"列旁的箭头，在出现的菜单中勾选共享权限。共享权限一般只设为"读取"，以保护共享资源。

④ 设置完成后，单击"共享"按钮。

⑤ 收到项目已共享的确认信息后，单击"完成"按钮。

提示

☞ ● 在设置共享时，有些位置不支持以上的共享方法（如共享整个驱动器），此时可以使用"高级共享"进行设置。

● 除了可以设置共享文件夹外，还可以设置共享打印机。

---

2. 访问网络中的共享资源。

（1）在网络窗口中访问。

① 双击桌面上的"计算机"图标，在窗口中单击左侧的"网络"，打开"网络"窗口，双击窗口中要访问的计算机名。

② 如果要访问的计算机启用了密码保护的共享，则需要在弹出的对话框中输入要访问的计算机账户名和密码进行登录，登录成功即可访问该计算机上的共享资源。

（2）使用其他方法访问。

双击桌面上的"计算机"图标，打开"计算机"窗口，在地址栏中输入"\\计算机名""\\计算机名\共享文件夹名"或"\\IP 地址""\\IP 地址\共享文件夹名"，也可访问指定计算机上的共享资源。

提示

☞ 以上方法仅适用于同一局域网（计算机的网关和子网掩码相同）中的互访。

---

3. 查看本地计算机所提供的共享资源情况。

打开如图 8-30 所示的"计算机管理"窗口，单击窗口左侧"共享文件夹"中的"共享"选项，可查看本机的共享资源；单击"会话"选项，可查看有哪些计算机正在访问本机；单击"打开文件"选项，可以看到访问者正在访问本机上的哪些文件。

4. 设置映射网络驱动器。

① 右击桌面上的"计算机"图标，单击快捷菜单中的"映射网络驱动器"命令，打开"映射网络驱动器"对话框，如图 8-33 所示。

② 在对话框的"驱动器"列表中，选择将映射到共享资源的驱动器号。

③ 在"文件夹"中，以"\\服务器名\共享名"的形式输入共享资源的服务器名和共享名，或者单击"浏览"定位该共享资源。

④ 单击"完成"按钮。

⑤ 如果出现系统提示，请在"用户名和密码"对话框中输入用户名和密码。完成以上操作后，在本机上就建立起了一个网络驱动器，单击该驱动器即可访问网络上指定的共享资源。

图 8-33　"映射网络驱动器"对话框

提示

☞ "映射网络驱动器"是把在其他计算机上的一个共享文件夹映射为自己计算机上的一个逻辑驱动器，类似于 C 盘、D 盘、E 盘等。使用映射的网络驱动器，一方面是为了方便，另一方面是由于某些程序只能在逻辑驱动器上工作，而不接收以"\\计算机名\共享文件夹名"或"\\IP 地址\共享文件夹名"这种形式访问共享文件。需要注意的是，映射过多的网络驱动器会使 Windows 操作系统的启动速度明显变慢。

---

5. 通过远程桌面访问计算机资源。

当某台计算机开启了远程桌面连接功能后，用户就可以通过远程桌面连接，使用本地计算机实时操作远程计算机，就像直接在该计算机上操作一样。例如，可以将家里的计算机远程连接公司的工作计算机，远程连接后，就可以使用远程计算机的所有程序、文件和网络资源，就像是工作时坐在工作计算机前一样。下面介绍如何进行远程桌面的设置和连接，本实验以 Windows 7 远程桌面为例。

（1）远程计算机的设置。

① 以管理员身份登录计算机。

② 右击"计算机"图标，然后单击"属性"选项，打开属性窗口，如图 8-34 所示。

③ 单击窗口左侧的"远程设置"，打开"系统属性"对话框，如图 8-35 所示。在"远程"选项卡下，"远程桌面"有 3 个选项，分别是：

- 不允许连接到这台计算机
- 允许运行任意版本远程桌面的计算机连接（较不安全）
- 仅允许运行使用网络级别身份验证的远程桌面的计算机连接（更安全）

图 8-34 计算机属性窗口

图 8-35 "系统属性"对话框

如果要开通远程连接，则选择第 2 个或者第 3 个选项，本实验选择第 2 个选项。实际工作中根据需要来选择。

④ 单击"选择用户"按钮，打开"远程桌面用户"对话框，如图 8-36 所示。单击"添加"按钮，即可将用户添加到远程用户列表，该组中的用户可以通过远程桌面连接到该计算机。管理员账户会自动添加到远程用户的列表，不需要单独添加，即使远程用户列表中没有列出账户名，也可以进行远程连接。

⑤ 单击图 8-36 中的"添加"按钮，打开"选择用户"对话框，如图 8-37 所示。可

在对话框中设置对象类型、查找位置，并输入要添加的用户账户。本实验中，在"输入对象名称来选择"框中输入用户账户为 test，单击"确定"按钮，该账户随即被添加到远程用户列表中，如图 8-38 所示。如果不清楚要添加的账户，也可单击图 8-37 中的"高级"按钮进行查找并添加。

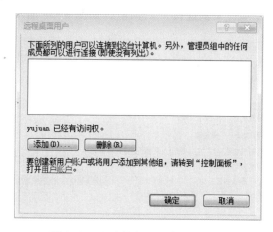

图 8-36　"远程桌面用户"对话框

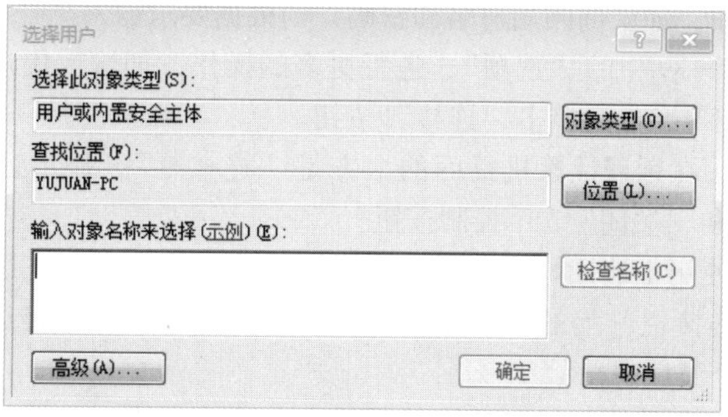

图 8-37　"选择用户"对话框

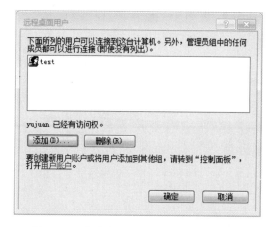

图 8-38　将账户 test 添加到远程用户列表

（2）本地计算机远程连接。

设置好远程计算机后，即可通过本地计算机远程桌面至网络另一端的远程计算机，方法如下。

① 单击"开始"按钮，在搜索框中输入"远程桌面连接"，然后在结果列表中，单击"远程桌面连接"，打开"远程桌面连接"对话框，如图8-39所示。

图8-39 "远程桌面连接"对话框

② 在"计算机"框中，输入要连接到的计算机名称，或者输入计算机的IP地址，然后单击"连接"按钮，如果询问用户名和密码，则根据要求输入。

③ 也可单击图8-39中的"选项"，进行更多的操作，如输入用户名，选择是否保存凭据以方便以后使用等，然后单击"连接"按钮。

④ 连接成功后，在远程计算机桌面的上方是"连接栏"，显示远程计算机的名称及"最小化""还原"和"关闭"3个控制按钮。

⑤ 用户可以像使用本地计算机一样操作远程计算机。如果要在远程桌面和本地桌面之间切换，单击"连接栏"上的"最小化"或"还原"按钮，可将远程桌面最小化到本地任务栏上或在一个窗口中显示。

⑥ 当不再使用远程计算机时，可将其断开。有两种方法：一是单击桌面连接栏上的"关闭"按钮；二是单击远程计算机的"开始"按钮，然后再单击"注销"右侧的箭头，最后单击"断开连接"，如图8-40所示。

图8-40 断开远程连接

（3）注意事项。

① 若要连接到远程计算机，则远程计算机必须为打开状态，并且必须具有网络连接，处于睡眠或休眠状态的计算机是无法被连接的。

② 远程计算机中的用户账户必须具有密码，才能使用远程桌面连接。

四、课后练习与思考

1. 如果局域网内的计算机无法共享资源，应该怎样处理？
2. 为什么要设置网络驱动器？映射过多的网络驱动器有何弊端？
3. 远程桌面连接的意义是什么？

实验 4　保护自己的隐私和秘密

一、实验目的

1. 了解互联网带来的隐私问题，掌握有效管理上网隐私记录的方法。
2. 学会查看、备份和清除 Windows 记录的常见日志。
3. 学会查看、利用和管理最近使用的程序及文档。
4. 学会 Windows EFS 的基本操作，保护自己的秘密。

二、实验任务

1. 访问网站体验隐私信息的利用，在 IE 中查看隐私记录、设置隐私策略、删除隐私信息。
2. 查看、保存和清除 Windows 记录的常见日志。
3. 查看、利用和管理最近使用的程序及文档。
4. 对 U 盘使用 EFS 加密，保护 U 盘中的秘密。

三、实验步骤

1. 访问若干 Internet 网站，查看 IE8 记录的隐私，清除隐私记录并验证效果。
（1）体验隐私泄露及其影响。
① 分别访问碟民网和鼎盛网，观察其主页导航栏下的广告内容。
② 访问百度主页，搜索"肝炎"二字，然后刷新浏览碟民网和鼎盛网的窗口，观察其主页导航栏下的广告内容是否跟刚才的百度搜索有关。
③ 将②中搜索的内容换为"胃病"二字，重复②的操作。
④ 访问淘宝网，先后搜索多种商品，然后关闭浏览器后再次打开浏览器访问淘宝，用鼠标单击其搜索输入框，检查能否看到自己此前找过的商品列表。

⑤ 登录百度，无账号时先注册一个，登录时勾选"记住我的登录状态"，登录成功后关闭浏览器。然后换一同学使用自己的计算机去访问百度，检查是否需要再次登录。

（2）查看 IE 记录的可见隐私。

① 单击 IE 地址栏右边的下拉按钮▼，查看最近经常访问网页的网址、历史记录和收藏夹中的部分网址。

② 单击 IE 左边的收藏夹按钮、再单击"历史记录"选项卡查看访问网页的完整、详尽历史记录，如图 8-41 所示。

图 8-41　在 IE 中查看访问网页的历史记录

提示

☞ 单击图 8-41 中按日期查看右边的下拉按钮▼，可选择按"按日期、按站点、按访问次数或按今天的访问顺序"查看或搜索历史记录。

---

③ 单击 IE "工具"菜单的"Internet 选项"，打开 Internet 选项的"常规"选项卡，如图 8-42 所示。单击"浏览历史记录"下的"设置"按钮，进入"Internet 临时文件和历史记录设置"对话框，如图 8-43 所示，再单击"查看文件"按钮，打开 IE 的临时文件夹，就可看到 IE 保存的网页文件、Cookie 文件的名称以及它们的来源地址、访问时间等信息。

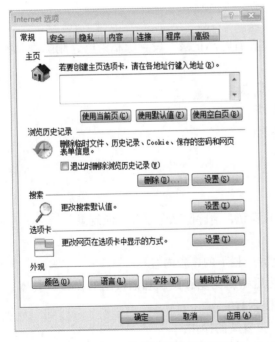

图 8-42　Internet 选项的"常规"选项卡

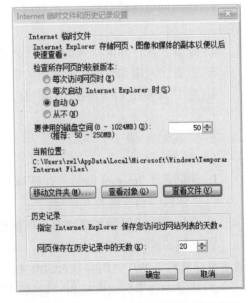

图 8-43　Internet 临时文件和历史记录设置

> **说明**
>
> ☞ Cookie 是由用户所访问网站在用户计算机上创建的文件，用于记录用户的某些操作，例如用户的登录用户名与密码、查看过的页面、在网上商城购买的商品、搜索的内容等，具体要记录的内容由用户所访问的网站决定。

> **提示**
>
> ☞ IE 保存用户访问过的网页、图片等的目的是提高以后访问这些网页的速度（未过期的网页就不用到相应网站去重新下载），并为脱机访问提供可能，用户也可从中复制自己需要的文件，例如网页中图片、播放的视频。

（3）设置 IE 记录上网隐私的策略。

① 在图 8-42 中可选择"退出时删除浏览历史记录"，在图 8-43 中可设置网页保存在历史记录中的天数。

② 单击图 8-42 中的"隐私"选项卡，可以设置 Internet 区域网站的 Cookie 使用策略，如图 8-44 所示，默认为"中"。

> **提示**
>
> ☞ 该策略一般不需要调整，过严的策略会影响网站为用户提供正常服务，过松的策略会泄露更多的隐私，如果发现无法在网站上完成登录，可能是网管员将此策略设得过严。此策略的设置还可能影响到部分网站提供的无处不在的广告推荐。

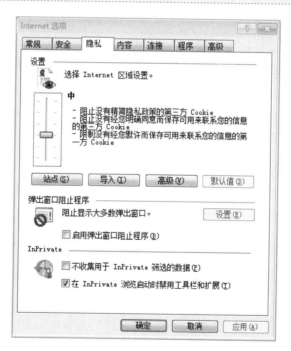

图 8-44　Internet 选项的"隐私"选项卡

③ 单击图 8-42 中的"内容"选项卡，如图 8-45 所示，再单击"自动完成"下的"设置"按钮，设置 IE 如何记录用户在网页上输入的内容，如图 8-46 所示。

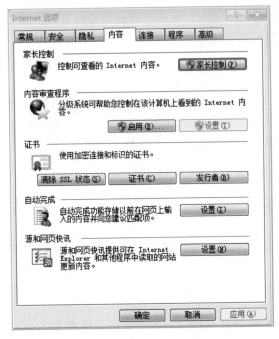

图 8-45　Internet 选项的"内容"选项卡　　　　图 8-46　IE 的自动完成设置

④ 单击 IE "安全"菜单中的"InPrivate 浏览"进入不记录隐私的 InPrivate 模式。

> **说明**
>
> ☞InPrivate 浏览在有些浏览器中被称为无痕浏览，若从一开始就不愿意被记录隐私，该模式是较好的选择之一。IE 记录的各种历史记录可以提高下次访问相同网页的速度，节约流量，帮助用户回忆曾经访问过的网页以查找遗忘的重要信息，提高操作的效率，节约时间。用户应当在"InPrivate 浏览"和事后删除历史记录之间选择适合自己的操作模式。

(4) 清除 IE 记录的上网隐私。

单击 IE "安全"菜单中的"删除浏览的历史记录"，勾选要删除的项目，如图 8-47 所示，再单击"删除"按钮。然后去检查步骤（1）中泄露隐私的地方还有无相应的表现。

> **说明**
>
> ☞删除浏览历史记录并不会删除收藏夹的内容，更不涉及记录在网站上的日志、数据发往网站沿途被相关设备记录的日志和聊天软件等非 IE 记录的隐私信息。

> **提示**
>
> ☞建议不要勾选"保留收藏夹网站数据"，勾选的结果是与收藏夹中收藏的网站关联的 Cookie 和临时文件都不会被删除。

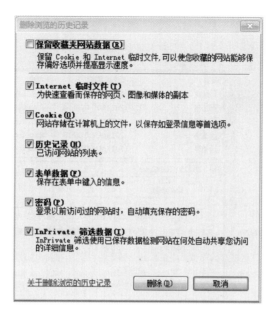

图 8-47 删除浏览的历史记录

　　再次强调，尽管用户可以保持高度警惕，但在公用计算机上操作时，还是应尽量避免进行涉及敏感隐私或经济利益的事务，浏览器记录的隐私可以删除，但用户却无法知晓这些计算机上是否还安装了其他窃听程序，甚至还有第三只"眼"在抓拍用户的操作。

　　2. 查看并清除 Windows 记录的常见日志。

　　（1）查看各类事件日志。

　　① 右击开始菜单上的"计算机"，单击"管理"，进入计算机管理工具。

　　② 双击"事件查看器"。

　　③ 选择某类事件，单击或双击感兴趣的事件进入查看，图 8-48 所示的是"Windows日志→应用程序"的一条日志，记录了某次宽带拨号上网的基本情况，包括发生时间、申请到的 IPv4/IPv6 地址及拨号使用的用户名等信息，单击该事件的"详细信息"可得到更多的细节。

　　④ 展开所有的事件类别，浏览 Windows 大概记录了哪些事件，做到心中有数。

　　⑤ 单击某类事件的某个列表标题，可对该事件进行升/降序排列；右击列表标题，可进入"增加/删除列"以调整事件的具体显示属性及属性的先后顺序，也可将事件分组。

　　⑥ 在某类事件名称上右击鼠标，则出现图 8-49 所示的快捷菜单，通过其可"查找"某个事件或"筛选"出某些需关注的事件，如图 8-50 所示。

┌───┐
　提示

　　☞ 右击不同的对象，将得到不同的快捷菜单，其中包含了可对该对象进行的操作。例如在图 8-49 中单击"属性"，可查看并设置 Windows 记录该类事件的文件位置及记录策略。
└───┘

图 8-48 Windows 事件查看器

图 8-49 某类事件的快捷菜单

（2）保存、清除事件日志。

① 在"系统"事件类上右击鼠标，保存所有的"系统"事件到指定的文件中。

② 在"系统"事件类上右击鼠标，选择清除所有的"系统"日志。然后打开①中保存的日志进行查看。

图 8-50　筛选当前日志

3. 查看、利用和管理最近使用的程序及文档。

（1）查看、利用最近使用的程序及文档。

① 单击"开始"菜单，最近使用过的应用程序将显示在其中，如图 8-51 所示。应当指出，使用软件及其顺序的不同，以及相关设置的不同，都将影响"开始"菜单的内容。

② 将鼠标移至带有子菜单的应用程序项，进一步查看该应用程序最近打开过的文档，在某个文档名称上右击后查看文档的属性，或单击后打开相应的文档。

③ 将鼠标移至"最近使用的项目"，查看系统中最近打开过的所有文档。

图 8-51　"开始"菜单

> **提示**
>
> ☞ 根据社会工程学的判断，最近使用过的东西往往还会再使用。Windows 记录最近使用过的程序及文档，以便让用户再次使用时可快速打开，提高操作效率。

（2）管理最近使用的程序及文档。

① 右击开始菜单 图标，执行"属性"命令，打开如图 8-52 所示的窗口。

② 单击"自定义"按钮，滚动选项列表到最后，如图 8-53 所示。

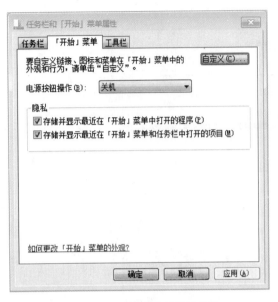

图 8-52 "开始"菜单属性设置　　　　图 8-53 "自定义「开始」菜单"窗口

③ 分别取消勾选/勾选"最近使用的项目"复选框、改动"「开始」菜单大小"下两个输入框中的数分别为 2 和 3，单击"确定"按钮，返回图 8-52 所示的窗口，单击"确定"按钮，进行（1）中的操作，测试这些设置的作用。

④ 在图 8-52 的"隐私"下，取消勾选"存储并显示最近在「开始」菜单中打开的程序"和"存储并显示最近在「开始」菜单中和任务栏中打开的项目"复选框，单击"确定"按钮后进行（1）中的操作，测试这些设置的作用。

提示

☞ 很多安全产品都提供有清理用户隐私、清理垃圾与临时文件、优化系统功能，不仅能一键把上网隐私清理干净，还能够清除使用很多系统与应用软件留下的隐私记录。尽管如此，相关产品也不能保证一定能清除所有的隐私，有的软件甚至因为没有进行严格的兼容性测试而导致系统混乱，应慎重使用。用户最好还是要多了解所使用的软件，有针对性地进行操作并全面检查留下的使用记录。

4. 使用 Windows 的 EFS 加密文件系统保护自己的秘密。

说明

☞ EFS 基于公钥策略加密，加密强度高，首次启用加密时，会自动在当前账户的个人证书目录下随机生成对应的证书。在 Windows 7 简易版、家庭普通版和家庭高级版中，EFS 未得到很好的支持，建议不使用。

（1）对文件夹加密。

① 在 U 盘上新建一个文件夹，命名为"Test"。

提示

☞ 如果 U 盘的文件系统不是 NTFS，则应先将其格式化为使用 NTFS 文件系统，因为 EFS 被设计为只能存在于 NTFS 分区上。

② 在文件夹 Test 上右击鼠标后选择"属性"选项，单击"高级"按钮，打开"高级属性"对话框，如图 8-54 所示。

③ 勾选"加密内容以便保护数据"复选框，单击"确定"按钮。若此时文件夹 Test 中已有文件或子文件夹，则系统将出现如图 8-55 所示的对话框，建议选择"将更改应用于此文件夹、子文件夹和文件"后再单击"确定"按钮。

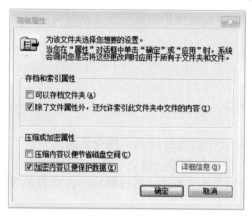

图 8-54　文件夹的高级属性设置　　　　　　　　　图 8-55　确认属性更改

④ 回到文件夹窗口，由于选择了加密，此时文件夹 Test 的颜色自动变为绿色，以示区分。若打开该文件夹，则文件夹中的所有项目也将显示为绿色。

提示

☞ 建议设置对文件夹加密，如果只针对文件启用加密，则文件被修改时，相应的编辑软件可能会存储一个临时的、未加密的文件副本，从而导致泄密。

（2）使用并测试加密效果。

说明

☞ EFS 加密/解密过程对用户是透明的。设置文件夹加密后，复制到该文件夹中的文件或其中新建的文件都会被自动加密；打开已加密的文件时文件被自动解密，文件关闭时再被自动加密。因此，加密文件被复制到非 NTFS 分区的磁盘上、压缩到类似 WinRar 的文件包中、上传到网络存储或作为电子邮件附件时，是自动未加密的。

① 在 Test 文件夹中新建一文本文件，命名为 Abc.txt，内容为"hello 123 ok?"。可多次打开 Abc.txt 甚至修改文件内容，检验加密文件的操作透明性。

② 将文件复制到其他 NTFS 格式的磁盘，观察文件名的颜色是否保持绿色。

③ 将 U 盘拿到另外的计算机上使用，打开文件 Abc.txt，检验加密是否有效。

④ 将 U 盘重新插到原计算机上，将 Abc. txt 上传到网络存储、作为电子邮件附件发出或复制到非 NTFS 格式的磁盘，然后到另外的计算机上，打开网络存储中的 Abc. txt、打开邮件附件 Abc. txt 或者打开非 NTFS 格式 U 盘上的 Abc. txt，检验加密是否有效。

提示

☞ 为了能够在重装后的系统或其他 Windows 系统中使用加密的文件，需要对个人 EFS 证书进行及时备份及恢复操作。丢失 EFS 证书，将无法使用已加密的文件。详细的操作方法，请在 Windows 的帮助和支持中搜索"加密文件"进行查阅。

（3）取消加密。

① 在类似图 8-54 的设置中，取消勾选"加密内容以便保护数据"复选框即可。取消加密可针对文件夹或单个的文件进行。

② 将 U 盘拿到另外的计算机上使用，打开文件 Abc. txt，检验加密是否有效。

四、课后练习与思考

1. 在淘宝上搜索一些商品，然后访问与淘宝有合作的其他网站，检查其网页中推广的商品是否与自己在淘宝上搜索的有关。再调整 IE 的隐私策略，检查对推广商品的影响。

2. 设置 IE 的自动完成为勾选所有选项，登录校园内的系统，进行填写、提交表单等操作，测试这些设置的作用。

3. 在网上搜索对不同浏览器的测评报告及其市场占有率、负面传闻（例如将用户访问的网址等信息发往厂商、给用户推荐商品等），在虚拟机上安装并使用几款主要的浏览器，体验它们的隐私策略、保护与清理方法。

4. 结合所学信息安全知识，同学之间互相帮对方审查其计算机的设置和系统日志，分析是否存在安全风险和入侵过的痕迹。

5. 总结 Windows EFS 使用时的注意事项，就其适合和不适合使用的情景各举一个典型例子。

6. 练习 EFS 文件证书的备份、恢复，在不同的计算机上使用同一 U 盘上加密的文件，使用方法为仅查看和查看并个性。

7. 在 Word 中给 Word 文档加上密码、在 WinRar 中给压缩包文件加上密码，在网上寻找破解两者密码的程序并实践它。

实验 5　网络安全技术的使用

一、实验目的

1. 学会安装与查看数字证书的关键信息，使用 https 安全与网站通信。

2. 学会检查程序的数字签名和计算文件的指纹，验证文件的完整性。

3. 学会设置账号与口令策略，保障口令安全，防范猜密码攻击。

4. 学会 Windows 网络与防火墙的基本设置，保障系统安全。

二、实验任务

1. 安装、使用和管理数字证书，使用 https 与网站安全通信。

2. 检查文件的数字签名，确定文件的来源及完整性。

3. 提取文件的指纹，验证文件的完整性。

4. 设置账号与口令策略，保障口令安全，防范猜密码攻击。

5. 设置 Windows 网络与防火墙，保障系统安全。

三、实验步骤

1. 安装、使用和管理数字证书，使用 https 与网站安全通信。

（1）安装中铁 CA 为 12306 网站颁发的数字证书。

① 访问 12306 铁路网上订票网站，单击网上购票用户注册，网页上将显示"内容被阻止，因为该内容没有签署有效的安全证书"。

> **提示**
>
> ☞ 12306 网站使用中铁数字证书认证中心（中铁 CA）颁发的数字证书进行安全通信，而该证书未被用户的系统信任，因而报错，解决途径是让系统信任中铁 CA，方法是下载并安装中铁 CA 的根证书到系统中。

② 返回 12306 网站首页，找到相关链接，单击下载中铁 CA 的根证书文件 SRCA. cer 到用户计算机。

③ 双击文件 SRCA. cer，系统显示"此 CA 根目录证书不受信任。要启用信任，请将该证书安装到'受信任的根证书颁发机构'存储区"，如图 8-56 所示。

④ 单击"安装证书"，打开证书导入向导。

⑤ 单击"下一步"按钮，选择"将所有的证书放入下列存储"，单击"浏览"按钮，选择"受信任的根证书颁发机构"，单击"确定"按钮，如图 8-57 所示。

⑥ 单击"下一步"按钮，再单击"完成"按钮，系统给出该证书颁发机构 SRCA 是否值得信任的安全性警告，如图 8-58 所示。

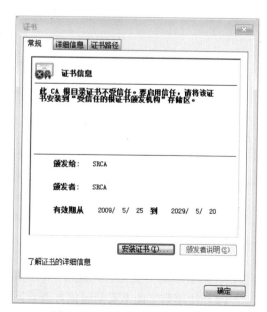

图 8-56 下载后的 SRCA 证书

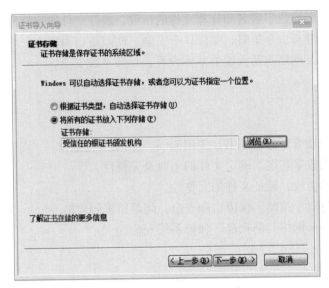

图 8-57　选择证书存储的地点

图 8-58　安装（信任）证书前的安全警告

提示

☞ 安装此前未受信任的代表证书颁发机构的根证书时，一定要提高警惕，不能因为某某说该证书是张三的或证书自己宣称是张三的就相信，因为安装后系统将自动信任并不加提示即使用该 CA 及其下属 CA 颁发的所有证书。一定要从正式的途径、例如，从官网获取该证书或者与该机构电话联系并核对证书的指纹。发现受骗时可以立即删除此前安装的问题证书。

⑦ 单击"是"按钮，完成对 SRCA 根证书的安装与信任。

（2）使用数字证书安全通信并查看网站的数字证书。

① 重复（1）中操作①，网页上不再显示证书错误相关的提示。

　　② 在网页显示的服务条款处右击鼠标，再单击"属性"选项，查看该网页的属性，如图 8-59 所示。其中可以看到用户浏览器与所访问网站间建立的连接为"TLS 1.0，AES（128 位加密（高））；RSA（1024 位交换）"。

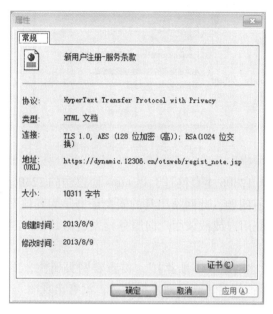

图 8-59　网页的属性

　　通过该网页的属性可以看出，浏览器与网站之间的通信被加密，通信安全有保障。

　　③ 单击"证书"按钮，进一步查看 12306 网站使用的证书详情，例如可以看到证书是由 SRCA 颁发给铁路客户服务中心下的 dynamic. 12306. cn，操作界面类似图 8-56。

　　④ 在 IE 地址栏输入微软公司主页网址，以 https 协议访问微软网站。使用 https 访问网站时，IE 的地址栏右边会显示一个锁形图标，单击该图标将显示网站的安全标识、连接加密情况等信息，并可查看其证书，如图 8-60 所示。

图 8-60　标准 https 安全连接的显示

⑤ 在 IE 地址栏输入 12306 主页网址，以 https 协议访问 12306 网站。IE 将给出错误提示 "此网站的安全证书有问题。此网站出具的安全证书是为其他网站地址颁发的。安全证书问题可能显示试图欺骗用户或截获用户向服务器发送的数据。建议关闭此网页，并且不要继续浏览该网站"。

⑥ 单击 "继续浏览此网站（不推荐）"，再查看网页属性，显示连接已加密，但没有图 8-59 那样详细的显示。同时，观察地址栏右边，没有出现图 8-60 所示的锁形图标，而是 "⊗ 证书错误"。

⑦ 单击 "⊗ 证书错误"，将出现类似图 8-60 所示的界面，但显示的内容与⑤中基本相同，此时单击 "查看证书"，将看到网站所使用的证书是颁发给 dynamic.12306.cn 的，而不 www.12306.cn，所以 IE 要报告证书错误。

> **提示**
> ☞ 基于性能考虑，www.12306.cn 本来就不使用 https 连接，管理员无意在网站上安装了发给 dynamic.12306.cn（同属 12306 系统）的证书，用户又主动使用 https 连接，造成此错误提示。应当指出，不是所有的网站都安装有合适的证书并支持 https 连接。

（3）管理证书。

① 在图 8-59 中，单击 "证书" 按钮。

② 单击 "受信任的根证书颁发机构"，往下滚动证书列表框至 SRCA 项，选择 SRCA 证书，如图 8-61 所示。

③ 双击 "SRCA"，在 "常规" 选项卡上查看证书的基本信息，在 "详细信息" 选项卡上查看证书的详细信息，如图 8-62 所示。

> **提示**
> ☞ 一般来说，通常仅附加私钥的个人证书需要导出备份。

④ 在图 8-61 中任意查看其他两个证书，注意它们的用途。

⑤ 删除 SRCA 的根证书，重复（1）中的操作①，测试本步操作的效果。

图 8-61 受信任的根证书颁发机构

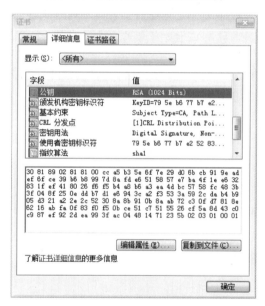

图 8-62 SRCA 证书的详细信息

2. 检查程序的数字签名，确定文件的来源及完整性，安全使用程序。

① 访问 pc.qq.com，下载腾讯电脑管家，保存到 D:\下，命名为 QQPC.exe。

② 在 IE 地址栏输入 D:\后按 Enter 键，双击 QQPC.exe，系统将显示图 8-63 所示的安全警告，显示打开程序的发行商等信息，让用户决定是否要运行该程序。

> **说明**
>
> ☞ 有数字签名的程序应该来自管理规范、重视安全且愿意承担责任的发行商。由于管理的疏忽，有可能让程序在做数字签名前已有病毒或木马隐藏，但是这种可能性极小，一旦发生这种事故，发行商将无法抵赖，将面临法律与索赔问题。应当说明，软件都是人设计的，有数字签名的软件不一定就是很好用的软件，也可能是流氓软件。

图 8-63　运行程序前的安全警告（数字签名有效）

> **提示**
> ☞ 若 Windows 能在运行程序前显示出其发行商，说明该程序文件有系统信任的 CA 颁发的证书的数字签名且程序文件是完整的，自签名过后未发生过任何改变，用户拿到的是发行商给的原版，其间没有被附加任何的病毒或木马。一般来说，可以放心运行。

③ 单击"取消"按钮（本实验的目的不是安装该软件），右击 QQPC.exe，选择"属性"，打开文件的属性对话框。

④ 单击"数字签名"选项卡，查看文件的数字签名信息，如图 8-64 所示。

⑤ 单击"详细信息"按钮，查看数字签名中签名人的基本信息是否正常有效，还可查看签名用的数字证书，如图 8-65 所示。

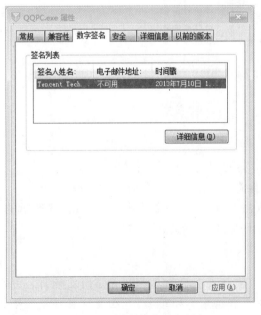

图 8-64　查看文件的数字签名

图 8-65　文件数字签名详细信息

⑥ 退出文件属性对话框，单击"开始菜单→所有程序→附件→命令提示符"。

⑦ 在命令提示符窗口中输入命令 echo 1 >>D:\QQPC.exe，将字符 1 附加到文件 D:\QQPC.exe 的尾部，破坏其完整性。

⑧ 关闭命令提示符窗口，双击 QQPC.exe，系统将显示图 8-66 所示的安全警告。

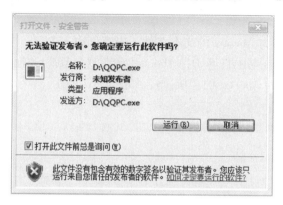

图 8-66　运行程序前的安全警告（数字签名无效）

> **提示**
>
> ☞尽管 QQPC.exe 还有属性声称其由 Tencent Technology（Shenzhen）Company Limited 发行（可查看文件的属性得以验证），但 Windows 已验证出它的不完整，无法确认就是该公司发行的，因此显示为未知发布者。应当指出，由于只是附加了少量字符，并未破坏 QQPC.exe 的原有内容，用户此时若选择运行 QQPC.exe，其功能将不受任何影响。

⑨ 重复③、④、⑤步操作，观察有无变化，细心的用户将发现图 8-64 完全一样，显示有数字签名，但图 8-65 中原有的"此数字签名正常"变成了"此数字签名无效"。

> **提示**
>
> ☞本步操作说明有数字签名并不意味着其是完整的，还是需查看数字签名是否有效，即签名时的完整性在后来是否受损。

3. 提取文件的指纹，验证文件的完整性。

> **说明**
>
> ☞由于种种原因，很多文件没有做数字签名，当用户辗转得到一个文件，尤其是花很长时间下载了一个很大的文件时，心里可能忐忑不安，担心文件传输过程中有错。通过重新计算文件的指纹（MD5 码或 SHA1 码），并与发行人公布的指纹进行对比，可以检验文件的完整性。有很多途径可以公布文件的指纹，例如发行人的官网，但把指纹作为一个单独的小文件打包到发行的文件中时，无法防止别有用心的人篡改文件后修正指纹，不过，有指纹总比没有强。

① 访问 Dernain Software Index 主页，下载 Edwin Olson（eolson@mit.edu）发行的计算 MD5 码软件 WinMD5-2.07。

> **提示**
>
> ☞ 在搜索引擎网站上输入"MD5 校验工具"或"SHA1 校验工具",可以得到大量的下载链接,其中有很多汉化版,并且同时支持 MD5 和 SHA1 指纹提取功能。

② 在 D:\下创建名为 Abc.txt 的文本文件,内容仅输入 1。

③ 运行 WinMD5,在其中打开 D:\Abc.txt 或将 D:\Abc.txt 拖到 WinMD5 的窗口中,WinMD5 立即计算出文件 Abc.txt 的 MD5 码,如图 8-67 所示。

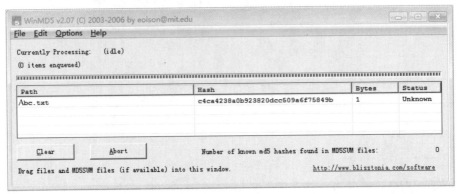

图 8-67　使用 WinMD5 计算文件的 MD5 码(指纹)

> **提示**
>
> ☞ WinMD5 能帮用户自动对比文件的 MD5 码与公布的 MD5 码是否一致,有兴趣的用户请使用随软件一起发行的示例文件。

④ 修改 D:\Abc.txt 的内容,例如将 1 改为 2 或在 1 前加一个空格,重复③ 的操作,对比其 MD5 码的变化。

> **提示**
>
> ☞ 在没有条件进行数字签名的场合,甲乙双方可以一起提取文件的 MD5 码、SHA1 码,将其抄写到纸上后进行手写签名。

4. 设置账号与口令策略,保障口令安全,防范猜密码攻击。

(1) 设置并测试密码(口令)策略。

① 打开控制面板,选择"小图标"查看方式,双击"管理工具",再双击"本地安全策略"。

② 双击"账户策略",再单击"密码策略",如图 8-68 所示。

③ 双击策略"密码必须符合复杂性要求",选择"已启用"并阅读相关说明。

> **提示**
>
> ☞ Windows 定义的密码复杂性是指密码"不能包含用户名,不能包含用户姓名中超过两个连续字符的部分,至少有 6 个字符长,包含大写字母、小写字母、数字和其他字符等 4 类字符中的 3 类字符"。

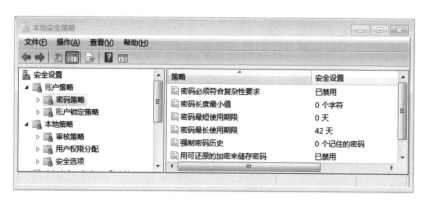

图 8-68　密码（口令）安全策略

④ 以同样的方式设置策略"密码长度最小值为 12"。

⑤ 修改用户登录本计算机的密码，试试能否设置不符合复杂性要求的密码，最后设置合适的密码。

（2）设置并测试账户锁定策略。

① 参考（1）中①、②步操作，进入账户锁定策略，如图 8-69 所示。

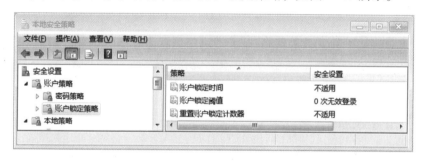

图 8-69　账户锁定安全策略（防口令猜测攻击）

② 参考（1）中③的方法，先后设置账户锁定阈值为 3 次无效登录之后即锁定账号、账户锁定时间为 5 分钟、重置账户锁定计数器的时间为 1 分钟之后。

提示

☞ 以上设置的效果是用户登录或输入密码解除屏幕保护程序锁定时，若在 1 分钟内连续 3 次输入密码错误，则锁定计算机 5 分钟，即 5 分钟后才允许再次输入密码。

---

③ 通过开始菜单的关机项选择注销或锁定计算机，1 分钟内连续 3 次输入错误的密码，检测下次能够输入密码的时间是否为 5 分钟以后。

④ 通过开始菜单的关机项选择注销或锁定计算机，在 1 分钟内连续 2 次输入错误的密码，在距离第 1 次输入错误密码 1 分钟以后，检查能否在 1 分钟内再连续 2 次将密码输入错误后还能第 3 次输入正确的密码登录，检测"重置账户锁定计数器"的作用。

5. 设置 Windows 网络与防火墙，保障系统安全。

（1）更改网络位置和高级共享设置。

① 打开控制面板，选择"小图标"查看方式，双击"网络和共享中心"，如图 8-70

所示。从图中可以看出，有两个网络连接，一个是本地连接，另一个是宽带连接；本地连接无法上互联网，Windows 显示为未识别的网络且默认为公用网络。

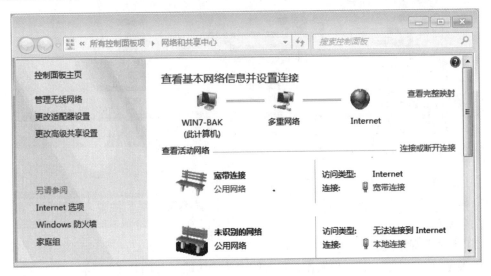

图 8-70　网络和共享中心

② 单击宽带连接下的"公用网络"，修改网络位置为合适的位置，如图 8-71 所示。

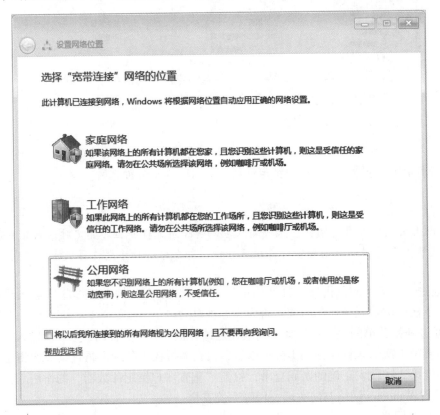

图 8-71　设置网络位置

提示

☞ 网络位置由用户选择，系统不能自动判定，不一定要跟用户所在的实际场合相吻合，例如无论是在家里、工作单位还是咖啡厅，若对所用网络的安全设施不了解或对网内的计算机不信任，基于安全考虑都应选择"公用网络"，并且为了操作方便，建议在图 8-71 中勾选"将以后我连接到的所有网络视为公用网络，且不要再向我询问"复选框。

说明

☞ 微软定义的较安全家庭或工作网络是指以下两种情况。

* 对于无线网络，无线连接已使用 WPA2 进行了加密。

* 无论是无线连接还是有线连接，计算机和 Internet 之间都使用单独的防火墙设备或具有网络地址转换（NAT）的设备相连。家庭或小公司的多台计算机上网时，通常采用的是具有 NAT 功能的小路由器，符合此安全要求；但若具有 NAT 功能的路由器未启用 NAT，由用户计算机与 Internet 直接宽带拨号连接，则相对不太安全。

③ 单击图 8-70 中左边的"更改高级共享设置"，可以根据自己的工作需要选择相应的功能，从而不受 Windows 基于当前网络位置所采取的限制，自由上网，如图 8-72 所示。

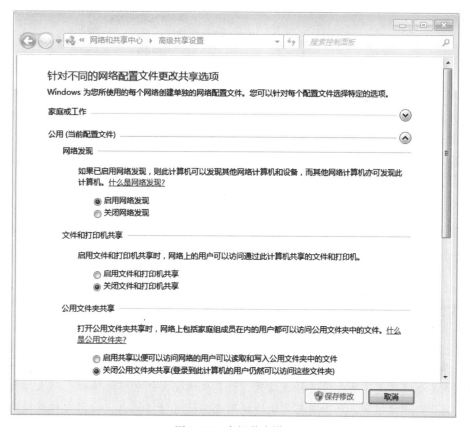

图 8-72　高级共享设置

提示

☞ 出于安全考虑，网络应用结束时，应及时关闭已打开的选项。

（2）设置 Windows 防火墙。

① 打开控制面板，选择"小图标"查看方式，双击"Windows 防火墙"，如图 8-73 所示，可以查看当前网络的状况和防火墙的基本安全策略。

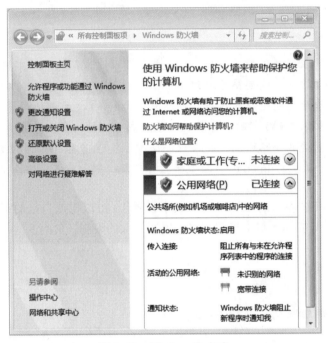

图 8-73　Windows 防火墙

② 单击"打开或关闭 Windows 防火墙"，设置不同网络位置下防火墙的开关以及安全策略，如图 8-74 所示，例如可以勾选"阻止所有传入连接，包括位于允许程序列表中的程序"以实现更高的安全性，但通常不需要这么做。

提示

☞ 防火墙不应关闭，否则与防火墙相关的安全措施都将失效。当网络应用不正常时，应检查此处的设置是否合适。

③ 单击图 8-73 左边的"允许程序或功能通过 Windows 防火墙"，可以针对不同的网络位置设置哪些程序或 Windows 功能可以使用网络。

说明

☞ Windows 防火墙针对某个程序或某个通信端口进行放行或阻止，每次打开一个端口或允许某个程序通过防火墙进行通信时，计算机的安全性也随之降低。防火墙允许的程序或打开的端口越多，黑客或恶意软件使用这些通道传播蠕虫，访问文件或使用计算机将恶意软件传播到其他计算机的机会也就越大。

图 8-74 Windows 防火墙的基本设置

通常，将某个程序添加到允许的程序列表中比打开一个端口要安全得多。如果打开一个端口，无论程序是否正在使用它，该端口都将始终保持打开状态，直到用户将其关闭。如果将某个程序添加到允许的程序列表，仅在该程序运行时才需要放行相应的通信。

提示

☞ 根据经验和对安全需求的分析，微软有一套默认的规则，例如远程桌面在公用网络上不允许使用。如果某些程序或服务要求允许它们访问网络，则可根据其说明在图 8-75 中放行。如果允许的程序或服务对系统安全的威胁较大，则建议设置为在工作网络上放行，需要使用时更改网络位置为工作网络，用完改回公用网络，毕竟改网络位置更方便，经常更改放行的程序则比较麻烦。

注意，一定不要允许用户不了解的程序通过防火墙进行通信。

（3）其他涉及网络的安全性设置。

① 右击开始菜单中的"计算机"，单击"管理"，进入计算机管理工具，双击"服务和应用程序"，在右边的列表中滚动窗口，双击需要的服务进行设置，如图 8-76 所示。

提示

☞ 禁止不必要的服务运行，有助于提高系统的安全性与运行速度，例如用户通常仅是去访问网络上其他计算机提供的共享文件夹和打印机，自己并不需要向外提供这样的服务，则应将 Server 服务禁止（需要时可随时启用），计算机就从根本上少了很多受攻击的危险。在网上可查到 Windows 提供的每一项服务的作用，如果用户很在意所用计算机的安全与性能，就可在这方面多下功夫。

图 8-75 设置允许程序通过 Windows 防火墙通信

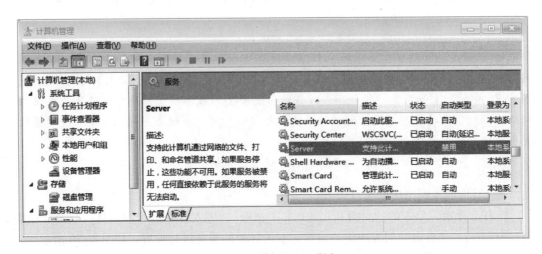

图 8-76 关闭 Server 服务

② 单击图 8-70 左边的"更改适配器设置",练习禁用或启用相应的适配器。

提示

☞ 当暂时不需要本地连接或其他无线连接时,可以使用此功能关闭网络,需要时再启用,减少受网络攻击的危险。使用此方法显示比频繁拔插网线要好。

四、课后练习与思考

1. 了解自己使用的即时通信软件的通信安全保障措施。

2. 统计自己经常访问的涉及电商交易、网银、信息提交（如发送电子邮件）、登录的网站中，哪些使用了 https 协议。

3. 了解什么是 XSS 跨站攻击。

4. 分析随便打开论坛、聊天软件或电子邮件里宣传的一链接后（如限时特价团购链接等），可能导致的后果。

5. 对比国内主要电商网站的交易模式、付款方式及其交易安全与质量保障措施。

6. 对比分析国内主要银行的网银功能及操作方式。

7. 在网上搜索并下载针对网络安全的扫描软件，通过网络扫描自己和朋友的计算机存在的安全问题并及时补漏，注意不要在未授权情况下扫描他人计算机，避免引起法律问题。

8. 在虚拟机上安装、试用国内流行的 PC 安全软件，对比它们的电脑体检、安全防护、木马与恶意软件查杀、漏洞修复、清理插件、清理垃圾文件、清理使用痕迹、沙箱等诸多功能，看哪些是 Windows 系统已具备的，以及解决自己计算机安全问题的适用程度。

9. 启用图 8-68 中实验时未使用的密码策略，并设计方案验证其效果。

10. 根据在实验中获得的经验和对理论知识的学习，同学间相互制造故障让文件共享不成功，交叉分析并排除故障。

11. 在网上搜索并学习有关智能手机安全的知识，关注间谍软件（窃取通话、短信和通信录等）对智能手机安全的影响。